河南省哲学社会科学规划项目（2020BJJ020）

2022年中原英才计划——青年拔尖人才项目支持

河南大学区域发展与规划研究中心支持项目

2023年黄淮海平原农业面源污染管控重点实验室建设经费（2023HNNPSCL-HNDX001）

河南省软科学研究计划项目"黄河流域河南段生态安全风险与防范思路研究"（222400410171）

区域资源环境演变与生态安全格局构建

以河南省为例

张鹏岩◎著

Evolution of Regional Resources and Environment and Construction of Ecological Security Pattern

A Case Study of Henan Province

中国经济出版社

CHINA ECONOMIC PUBLISHING HOUSE

北 京

图书在版编目（CIP）数据

区域资源环境演变与生态安全格局构建：以河南省
为例/张鹏岩著.--北京：中国经济出版社，2023.9
ISBN 978-7-5136-7440-9

Ⅰ．①区… Ⅱ．①张… Ⅲ．①区域生态环境-生态安
全-研究-河南 Ⅳ．①X321.261

中国国家版本馆 CIP 数据核字（2023）第 167426 号

责任编辑　丁　楠
责任印制　马小宾
封面设计　久品轩

出版发行　中国经济出版社
印　刷　者　北京富泰印刷有限责任公司
经　销　者　各地新华书店
开　　　本　710mm×1000mm　1/16
印　　　张　10.5
字　　　数　180 千字
版　　　次　2023 年 9 月第 1 版
印　　　次　2023 年 9 月第 1 次
定　　　价　78.00 元

广告经营许可证　京西工商广字第 8179 号

中国经济出版社 网址 www.economyph.com 社址 北京市东城区安定门外大街 58 号 邮编 100011
本版图书如存在印装质量问题，请与本社销售中心联系调换（联系电话：010-57512564）

前 言
PREFACE

　　资源环境问题始终是构建生态安全格局不可避免的重要难题，当社会经济发展需求超出了资源环境的可持续性边界，区域生态安全将面临不断恶化的局面，甚至濒临崩溃。现代社会经济的快速发展和人口规模的持续增长加剧了人地矛盾，人类社会活动对生态环境的压力越来越大，由环境退化和生态破坏造成的生态环境灾害为人类敲响了警钟。因此，既要考虑资源利用与发展的关系，更要考虑资源利用涉及的人与自然关系，从而实现可持续发展目标。黄河流域生态保护和高质量发展国家战略的提出为河南省带来了新的发展机遇，但也对其资源开发利用与生态环境保护提出了更高的要求。

　　河南省是沿黄九个省份之一，是中国人口、经济与农业大省，GDP 总量在全国位居前列。多样的地形和广泛的横纵跨度使其自然资源总体规模庞大、种类齐全，具有较大优势。受巨大人口基数的影响，尽管资源总量丰富，但人均有限，生态承载力较弱，在经济发展中承载着巨大的环境压力。同时，资源开发利用过程中也产生了利用效率不高与环境污染等问题，资源环境对社会经济发展的约束日益加剧。在快速城镇化、工业化、农业现代化的背景下，能源消费需求不断增长、土地资源无序开发与水资源短缺等问题对区域生态安全提出了挑战。深入研究和破解资源环境约束问题，是河南省经济社会发展面临的一项重要任务。基于此，本书以实现资源环境、生态保护与社会经济高质量发展相协调为目标，以构建生态安全格局为主要抓手，通过模型构建与情景模拟等方法，对河南省资源环境现状与生态安全格局构建等方面进行了研究，主要从几个方面展开：当前资源环境与生态安全基本现状、河南省自然资源现状与生态系统服务研究、河南省景观格局变化与生态安全评价研究以及河南省生态安全格局构架与问题、对策研究，以期为更好推动地区可持续发展目标的实现提供理论支撑与实践参考。

本书由张鹏岩拟定编写大纲并组织相关人员撰写而成。全书共有八章，具体分工如下：第一章，张鹏岩、杨丹执笔；第二章，杨丹、张鹏岩执笔；第三章，常迎辉、张鹏岩执笔；第四章，荣天琪、张鹏岩执笔；第五章，张鹏岩执笔；第六章，张鹏岩执笔；第七章，张鹏岩执笔；第八章，张鹏岩执笔。全书由张鹏岩统稿。

本书在编写过程中，参考了诸多专家学者的研究成果及论文著作，使用了大量的统计数据，以确保研究成果的真实性和科学性。本书引用的内容都已进行了明确的标注，若有疏漏之处，诚请各位读者包涵。由于资源环境与生态安全研究覆盖范围较大，书中不足之处，恳请各位读者批评指正并提出宝贵建议。

目 录
CONTENTS

第一章

绪 论

第一节 研究背景

对资源环境的可持续利用和管理有助于理性使用资源和加快可持续发展目标的实现,以满足后代对资源的需求[1]。21 世纪以来,全球工业化和城市化进程的加速有效地促进了社会经济的发展[2]。然而,对自然资源的不合理开发利用导致了栖息地的丧失、生态网络的破碎化和生态系统服务功能的退化[3-4]。高强度的人类活动和加速的土地利用转型加剧了人地冲突,生态环境总体上呈现恶化的趋势[5],如自然资源的过度开发利用所造成的生态破坏,城市化、工农业过度开发造成的"三废"污染等环境问题,特别是水土流失、沙漠化、森林和草地资源的减少以及生物多样性的丧失等[6],严重影响了生态系统的稳定性和景观连通性,威胁区域生态安全和可持续发展[7]。恢复退化的自然生态系统及其可持续的生态系统服务已成为世界关注的焦点。因此,从资源环境保护、生态系统服务和景观连通性的角度出发,制定合理的空间规划,同时保持生态系统的完整性和稳定性已成为一个迫切需要解决的问题。

当前,中国已经进入高质量发展阶段,社会主要矛盾已经转化为人民日益增长的美好生活需要和不平衡不充分的发展之间的矛盾,发展不平衡不充分问题仍然突出。一个支撑国家(或地区)生存和发展的较为完整、不受威胁且具备应对内外重大生态问题能力的生态系统，可使人类生态环境保持稳定和可持续的状态[8]。因此，构建地区生态安全格局有利于区域资源空间的整合和优化配置，有效降低城市化的负面影响，实现地区高质量发展[9]。

河南省作为国家重要的粮食生产和现代农业基地，具有劳动力人口、自然资源、地理位置等优势。自改革开放以来，河南省的综合实力以高于全国平均水平的速度不断增强，社会面貌发生了巨大变化，经济社会的快速发展也带动了人们生活质量的快速提高。但工业化、城镇化的快速发展在满足人们享受科技进步带来的成果的同时，发展所产生的巨大资源需求和对生态环境的破坏性影响也对自然资源和环境构成巨大压力。如水质恶化、水资源紧缺、大气污染、能源过耗、土地资源承载力弱等，特别是近些年，随着迎接新一轮的产业转移，尤其是一些高污染行业的规划与引进，资源环境面临着前所未有的挑战。

基于以上分析，保护资源环境和构建可持续生态安全格局的任务十分紧迫。当前，现代化生态环境治理体系与能力基本建立，但对于地方而言，仍面临着理论、方法、解决途径等问题，需要通过具体地区的具体研究和实践进一步解决。在此背景下，本书以河南省为研究区，充分考虑当地资源环境与生态系统演变规律和人们对美好生活的需求，以及生态环境保护面临的突出压力，对现状、核算、模拟、评价、构建与分析以及问题与解决途径等方面进行研究。

第二节　研究意义

城市化推动了现代文明的发展，但其也产生了一系列生态和环境问题，自然景观的丧失、生态系统服务的下降以及环境健康风险的加剧，可能会延缓区域可持续发展目标的实现[10]。可见，营造良好的资源环境与生态安全格局对维护社会的长期稳定和国家安全具有重要意义。党的二十大提出：推动绿色发展，促进人与自然和谐共生。大自然是人类赖以生存发展的基本条件。尊重自然、顺应自然、保护自然，是全面建设社会主义现代化国家的内在要求。必须牢固树立和践行绿水青山就是金山银山的理念，站在人与自然和谐共生的高度谋划发展。习近平总书记也曾在全国生态环境保护大会上强调，生态环境是关系党的使命宗旨的重大政治问题，也是关系民生的重大社会问题。

生态安全格局是用来表征生态系统健康和完整性的重要指标[11]，是区域实现高质量、可持续发展和增强人类福祉的重要方面。其本质是基于生态系统格局的优化，实现人类社会的可持续发展[12]。快速城市化导致不透水面积增加并侵占自然空间，造成生态系统服务下降，例如碳储存和土壤侵蚀控制的减少等[13-14]。因此，人类活动是影响区域景观生态风险的主要因素之一[15]。在河南省快速城市化的背景下，人们从生态系统中获得的各种益处正在减少，许多地区面临着与生态系统服务供需相关问题的风险越来越大[16]。景观形态的变化与城市化的连通导致生态系统结构和功能发生变化，进而影响区域生态安全。目前，国土空间规划已从单个生态系统的管理转向综合区域生态系统管理[17]。生态安全管理可以为大规模土地空间规划提供科学指导，从而减少城市化地区无序扩张造成的生态空间减少和栖息地破碎化，生态安全格局的构建可以保持生态系统结构和过程的完整性，实现对资源环境的有效控制和山水林田湖草沙的可持续保护。

因此，本书以河南省为例，通过分析省内资源环境现状与生态问题，对河南省的生态系统服务价值、景观格局演变、景观生态安全评价、生态安全格局构建以及生态安全问题与解决途径进行了系统梳理与分析，对于恢复地区关键生态系统，厘清生态生产生活空间，建立稳定的人—自然耦合系统，实现地区可持续发展具有重要意义。同时，研究结果也可为相同发展趋势的地区的总体规划和政策制定提供理论支撑和实践参考。

第三节　国内外研究进展

一、资源环境演变

人们普遍认为，资源环境是可持续发展的根本要素，资源环境是自然和社会环境，即自然与人类社会的结合，土地资源、水资源、能源和生态环境在现有研究中被视为核心资源环境[18]。土地既是人类的栖息地，也是人们赖以生存的食物、水等重要资源的物质基础，土地不仅是重要的自然资源，也是了解区域经济发展潜力的重要工具[19]。作为地区社会经济发展的空间载体，土地在城市化和工业化进程中发挥着至关重要的作用，在经济增长和社会发展的背景下，土地空间结构在近几十年发生了巨大变化，对生态环境产生了一系列影响，引起了人们的广泛关注[20]。学者对土地资源的研究主要集中于土地资源时空演化特征[21]、土地利用效率[22]、不同土地类型演化特征[23]、土地利用碳源/碳汇[24]、土地利用与经济发展关系[25]、土地利用与生态系统服务价值[26]、土地资源承载力[27]以及土地利用景观[28]等方面。其中，土地资源承载力是优化配置土地资源和指引土地开发整治的重要依据，因此有学者利用土地资源承载力对土地资源展开了进一步研究[29]。从研究内容来看，包括土地资源承载力的指标体系构建[30]、影响因素研究[31]及优化提升策略[32]等方面。研究内容从简单化、单因素逐步转向与人口、资源与环境相结合的综合性研究。从研究方法来看，主要采用因子分析法[33]、改进生态足迹模型[34]及 DPSIR（Driving-Pressure-State-Impact-Response）模型[35]等定量方法，同时"3S"技术也开始应用到土地资源承载力时空分异格局的研究中[36]。在研究尺度上主要涉及大中尺度城市群[37]、省域[38]及单个城市[39]。其中，土地利用和景观模式反映了景观的异质性，也是各种生态过程的结果，土地利用和景观模式与自然环境有重要关系，因此受到了学者们的关注[40]。对土地利用和景观格局的综合研究，可以更深入地了解土地利用景观格局对碳排放、生物多样性、区域环境等全球性问题的综合影响[41]。目前对土地利用景观的研究主要包括土地利用景观格局时空演化[42]、土地利用景观生态安全评价[43]、土地利用景观分区[44]、土地利用景观及生态系统服务价值[45]等方面，主要围绕森林、河流[46]等区域展开，RS（Remote Sensing）和GIS（Geographic Information System）也逐渐应用到研究中。然而，随着工业化和城市化的快速发展，土地资源的可持续发展正面临越来越大的人类压力和气候变化的负面影响，土地资源利用效率低下导致了土地资源日益稀缺等问题[47]。因此，为了对土地资源进行更科学的调整，人们开发了预测模型对土地利用进行模拟预测。目前的预测主要基于多目标回归方法，包括数量预测模型和空间预测模型，数量预测模型主要包括马尔可夫模型、系统动力模型和Logistic回归模型[48]；空间预测模型主要包括人工神经网络模型、CLUE-S（Conversion of Land Use and its Effects at Small region extent）模型、FLUS（Future Land Use Simulation）模型和PLUS（Patch-generating Land Use Simulation）模型[49]。随着技术的发展，学者们基于多种模型耦合对土地资源进行研究，还开发了土地利用变化的可计算一般均衡模型，该模型可对社会经济系统与土地资源之间的相互作用进行量化，在考虑土地资源和社会经济可持续发展的系统特征方面更加全面和完整[50]。如Yu等[51]结合了土地利用变化的可计算一般均衡模型和土地系统动力学模型对山西省的土地利用进行了分情景模拟。

除了土地资源外，水资源和能源同样是目前人类赖以生存和发展的重要资源。水资源对人类生存至关重要，是社会经济可持续发展的重要基础，在资源安全、能源供应、粮食生产和环境维护方面发挥着不可替代的作用[52]。但随着时间的推移，全球水资源时空分布不均、气候变化以及高强度的人类活动导致水资源特征波动明显[53]。从这个意义上说，水资源的可持续利用已成为促进区域经济、社会和生态环境协调发展的关键环节。水资源可持续利用的研究方法主要包括模糊综合评估、系统动力学、遥感和地理信息系统和生态足迹等[54]。从研究内容来看，水资源的研究集中于水资源效率时空演变[55]、水资源质量的评估和演变[56]、水资源承载力的时空演变及驱动因素研究[57]、水资源与社会经济活动的关系演变[58]等方面。水资源承载力的评估可以为区域水资源规划和水资源管理提供实用指导，水资源承载力的主要研究方法有综合评估和系统动力两种，其他广泛使用的方法包括人工神经网络、层次分析、评估模型和优化模型等[59]。从研究尺度来看，主要集中于国家[60]、流域[61]、城市群[62]和省市[63]等。能源为经济的高速发展提供了重要动力，但能源消耗总量的不断增加与粗放型能源消耗带来的负面效应制约了经济的高质量发展。因此，对能源研究的主要目标是推动能源转型、应对气候风险，最终实现资源环境保护。对能源的研究主要集中于能源发展历程演变[64]、能源消费碳排放演变[65]、能源利用效率[66]以及不同行业能源消耗[67]等方面。随着研究的进一步深入，学者们对多种能源进行了综合研究，如 Feng 等[68]发现不同土地利用类型的水—能—碳关系有助于解释资源容量与土地利用活动环境影响之间的相互作用。

除了土地资源、水资源和能源外，生态环境同样被认为是核心资源环境。生态系统服务是生态系统和人类活动之间的重要桥梁，是人类赖以生存的自然环境条件和效用，是由生态系统维持形成的[69]。生态系统服务价值是生态系统服务给人类带来的社会产品和服务的经济度量，是评估生态系统对可持续福祉贡献的过程，可以反映生态系统的结构和服务功能，进而体现生态环境[70]。国外对生态系统服务的研究要早于国内，1935 年，Tansley 首次提出了"生态系统"概念[71]，为生态系统服务研究奠定了基础。1997 年，Daily 等[72]将生态系统服务定义为生态系统及其发展过程所形成的维持人类赖以生存的生态条件与效用。国内关于生态系统服务的研究相对较晚，1998 年，刘晓获第一次采用了生态系统服务的概念[73]。随着研究的深入，生态系统服务价值的量化受到广泛关注，如 Costanza 等[74] 将全球生物圈进行划分估算制定了全球生态系统服务价值当量因子表。国内对生态系统服务评估开始于 1999 年，此后，国内学者又进一步对林地[75]、草地[76] 等生态系统进行了初步探索和分析。2003 年，谢高地等在 Costanza 等研究的基础上，制定的中国生态系统当量因子表，得到了国内学者的广泛应用[77]。目前，对生态系统服务价值的评估方法呈现多样化，主要应用的方法有价值量评估[78]、物质量评估[79] 以及其他开发模型[80] 等。物质量评估法在大尺度以及生态质量健康评价方面得到广泛应用。价值量评估法是将生态系统提供的服务或产品转化为货币价值，具有较强的可操作性和适用性。随着对生态系统服务价值研究的深入，学者们开发了 InVEST（Integrated Valuation of Ecosystem Services and Trade-offs）模型、SolVES（Social Values for Ecosystem Services）模型[81] 等，上述模型的开发与应用均为生态系统服务价值的进一步研究奠定了基础。土地利用变化是引起生态系统服务价值变化的主要原因，二者之间相互影响。随着城市化的不断发展，土地利用变化显著改变了地表植被和景观格局，从而引起生态系统的结构及功能发生改变，生态系统服务价值也发生了改变。相应地，生态系统服务价值的变化也影响着土地利用的方式及效率，进一步引起土地利用格局的改变[82]，评估土地利用变化和生态系统服务价值逐渐成为近年的研究焦点。从研究内容来看，主要聚焦于以土地利用变化为表征的人类活动以及自然演变对生态系统服务价值的影响。随着研究的深入，学者们对土地利用变化驱动下生态系统服务价值的时空分布格局与未来演变趋势等方面进行了探索，并取得了丰富的成果。从时空格局来看，国外学者以海岸线[83] 和红树林[84] 等典型生态脆弱区域为主，国内学者以流域、山地、草地等[85-86] 中小区域为主。近年来，学者在分析时空演化的基础上，尝试研究未来土地利用变化对生态系统服务价值产生的影响，如 Beroho 等利用 CA-Markov 模拟了摩洛哥地中海流域未来土地利用变化的情况，了解流域森林、湿地和农田等生态系统的未来变化特征，为抑制土壤流失、流域水位下降以及森林滥砍滥伐等问题做出规划管理[87]。总的来看，土地利用与生态系统服务价值息息相关，是资源环境演变的重要研究内容。

综上所述，可以发现土地资源、水资源、能源和生态系统服务价值均受到了学者的关注。其中，土地资源与生态系统服务价值相互影响，对资源环境演变产生了重要作用。随着当前全球生态环境问题日趋严重，寻找协调社会经济与资源环境保护之间和谐发展的路径与方法成为亟需解决的问题。因此，学者们对不同区域及尺度下的土地资源、土地利用与生态系统服务价值的关系展开了大量研究，并取得了丰富的研究成果。但未来仍需继续高度关注土地利用与生态系统服务价值的演变，明确资源环境的演变特征，为区域未来土地利用规划、及时调整不合理的土地利用结构、区域生态经济可持续发展、生态文明建设提供理论支持与科学指导。

二、生态安全格局构建

生态安全是区域能够持续为人类生存和经济社会发展提供生态系统服务、生态支撑的一种状态[88]。生态安全评价从生态安全研究中发展而来，与生态系统服务价值和生态承载力有着密不可分的联系。现阶段，生态安全评价主要是从自然环境对人类社会经济活动的支撑作用出发，衡量生态系统的安全。景观格局及变化可以直观地反映生态系统结构与功能的变化，并有效揭示生态系统安全状况的变化趋势。因此，从景观学角度构建生态安全评价模型，以实现对土地利用/覆被变化所产生的生态影响的定量测度是十分必要的。此外，由于数据易获取及尺度数据直观等优点，景观生态学方法逐渐成为区域生态安全研究的重要途径[89]。20 世纪 80 年代以来，景观生态安全评价受到学者们的广泛关注，国内外众多学者在积极吸纳各相关学科及相关领域研究成果的基础上，进一步深入研究。研究区域主要集中在流域[90]、城市区域[91]、生态脆弱区[92]以及自然保护区[93]等。在研究方法上，目前大多数学者基于生态安全的狭义定义，利用土地利用景观格局演变结果，通过景观格局指数构建区域景观生态安全评价模型，定量评价区域景观生态安全状况[94]。也有部分学者从生态安全的广义定义出发，引入压力—状态—响应模型（PSR 模型），多角度构建指标体系[95]。但传统景观生态安全评价模型忽视了由景观组变化导致的生态环境状况的变化，生态环境质量的变化可能会反作用于当前的景观类型，引发更加严重的生态环境问题。因此，仅依据景观格局指数建立的评价模型不能完全反映区域的景观生态安全状况。基于此，部分学者在相关研究的基础上通过引入生态服务价值理论和生态质量指数对传统景观生态安全评价模型进行完善[96]。

20 世纪 90 年代，国外学者尝试从景观生态学角度理解生态安全，在此基础上逐渐形成生态安全格局理论。2005 年联合国在伦敦公布的《千年生态系统评估报告》中提到，生态系统与人类生存具有密切关系，而生态系统服务退化等生态问题对人类生存环境、全球生态安全产生威胁。2008 年成立的国际生态安全合作组织生态农业委员会和 2012 年成立的生物多样性与生态系统服务政府间科学政策平台都致力于为人类生存环境、生态安全格局构建提供科学依据[97]。生态安全格局研究最早是以保护生物多样性为目的，但随着社会经济问题越来越重要，生态安全格局的研究逐渐从自然过渡到自然、社会、经济相互协同[98]。当前生态安全格局的研究更加侧重于全球生态变化及人类扩张造成的区域生态问题，多个学科交叉融合，如保护体系建立及划分不同生态安全类型[99-100]、自然生态安全与经济发展耦合分析[101]、生态安全政策的研究[102]。

1999 年，中国学者在国外景观生态安全格局理论的基础上，提出生态安全格局概念，并取得显著成果[103-104]。同时开始逐渐意识到面对如此复杂的生态安全问题，仅凭生态安全评价的研究是难以积极、有效应对的，需要通过主动介入的方式将管理与实施对策落实在具体的空间地域上，才能对整体的生态环境保护与利用以及城镇经济发展有宏观的掌控能力，进而有针对性地解决生态环境问题。随着景观生态学相关概念的引入和景观格局量化等相关研究的开展，以及"绿水青山就是金山银山"理论的逐渐深入、"统筹山水林田湖草系统治理"措施的持续推进，通过构建生态安全格局以提升区域生态安全水平逐渐成为共识[105]。景观生态安全评价逐渐作为构建生态安全格局的基础，并结合生态服务价值理论和生态质量指数，学者们从国土、区域及城市不同尺度上开展了大量的实证研究[106]。生态安全格局以景观安全评价为理论基础构建区域安全格局，借助环境遥感和地理信息等技术手段，运用空间叠加、多指标综合评估[107]等识别生态用地，研究范围大到国家尺度[108]小到乡镇城市[109]。当前国内研究主要基于"源—汇"理论[110]、应用最小累积阻力模型[111]、生境质量评估[112]等方法，构建区域评价保护体系[113]。研究区多集中于东部及沿海经济相对发达地区[114-116]，对主要粮食产区的生态安全格局构建关注较少。产区的生态环境脆弱，但在粮食安全方面具有极其重要的战略地位。

因此，本书通过对相关研究理论和研究成果的整理和总结，得到启示：全球生态环境正在不断恶化，如何行动才能保护生态环境值得深思。城市不仅是人类文明的产物，更是人们生活的场所，其建设是对生态环境造成影响的直接手段。城市规划又对城市建设起直接引导作用，因此，如何对城市规划实施生态安全评价、构建生态安全格局、保障粮食安全成为当务之急。

三、资源环境演变与生态安全格局构建

区域资源环境为人类社会可持续发展提供重要支撑[117]，而随着世界人口快速增长，城镇化速率加快，高强度的土地开发利用、矿场资源

消耗、地下水资源开采以及工农业等社会经济活动带来了高强度的碳排放、生态系统受损和环境污染加剧等一系列问题[118]。生态安全格局则围绕生态功能充分发挥和结合自然资源合理配置，对不同尺度区域进行划分，力求从空间层面分析资源与环境矛盾，为管理者与利益相关者提供解决办法[119]。

针对资源环境演变和生态安全格局构建的国内外相关研究较为丰富。在国际学者的研究中，研究内容可以按照区域尺度范围来划分，涵盖大洲[120]、国家[1221]、省域[122]、城市[123]等行政区尺度和流域[124]、特殊保护区[125]等特定尺度[126]。这些研究主要以解决资源紧张或环境变化问题为主要目标，形成生态网络、生态控制线、生态红线，最终构建决策者可参考的生态安全格局。我国的生态安全格局构建研究源自景观生态学的兴起，随着我国经济高速发展，人民生活水平逐步提高，合理有效地规划未来区域建设对资源环境具有关键作用。研究按照不同区域尺度范围划分，包括国家[127]、省域[128]、市域[129]、县域[130]、省际间[131]、城市群[132]等行政区尺度[133]和自然保护区[134]、海岸线[135]、流域[136]、草甸[137]、高原[138]、湿地[139]等多种特定尺度。尽管我国在资源环境演变背景下生态安全格局研究的目标区域各不相同，但整体来看应用过程大体呈现"生态源地—阻力面"的结构。"生态源地"是从自然资源层面考虑已经存在或潜在的稀缺问题，寻找亟需保护及利用的水体、土地、生物、大气、矿产等可再生与不可再生资源；"阻力面"则是从资源环境层面考虑生态系统服务供需不平衡等问题，寻找人口增加造成的资源环境配置不均、水土生物等资源稀缺、各种环境污染等问题，将其作为路径和阻力面，最后形成生态安全格局并进行分区，为目标区域的相关决策者提供科学的规划建议（见图1-1）。

正如上文提到的，面向应用与管理我国资源环境和生态安全格局构建的研究主要集中于目标与路径两个方面。在宏观尺度方面，以构成大型景观、区域的水土生物等资源分配和土地利用类型的形状、比例和空间配置为目标,以城市群和省际间等尺度上的流域覆盖区、森林保护区、湖泊、山脉等维护和修复为目标;在中观尺度方面,以城市内植被覆盖、农田、河流的保护和建设为目标;在微观尺度方面,以城市内部多个公园、绿地、绿色屋顶等社区级别建设和规划为目标。尽管不同尺度的目标具有差异,但资源环境保护多以生态、社会、自然三个路径进行量化。具体包括生态系统服务评估、景观生态安全指数评估、生态敏感性评估等多种生态质量评估指数的生态因子;社会基础设施和人为设定的关键因子;高程、坡度、河流、气温、降水等自然因子。由于国家对生态安全的关注度提升,现有的大中型尺度研究中能够以生态因子作为路径的越来越受关注,不论是干旱区、湿地区、跨流域、跨省还是城市群协同区域,对土地资源、水资源、大气、生物栖息地、粮食等多种生态系统服务的研究逐渐成为重点。生态系统服务是人类从自然界中获取的最基础的福祉,对提升人类生活质量有极大贡献。生态系统服务又是生态安全的表征,能反映生态系统状态与人类社会关系。生态系统服务作为人、环境、资源之间的纽带,能够表征土壤安全、水资源安全、生物多样性、粮食供给、大气污染等多种指标。因此,可以利用生态系统服务价值来探究资源环境演变给生态安全格局构建带来的影响和两者间的协同关系。

随着社会快速发展,土地资源最为直观的变化是土地利用类型的变化,同时土地利用是人类活动与自然环境相互作用的最直接形式[140]。此外,土地利用类型的变化会直接影响到景观类型与结构的变化,不同的土地利用类型随着时间转移,景观结构由于其组成的斑块类型变化而变化[141],这一思想也得到了多数学者的支持与认可[142-143]。与此同时土地利用类型的变化会直接影响生态系统服务价值的变化,参考前人研究可知其中包括调节服务、支持服务、攻击服务、文化服务[144]。基于此,可使用景观格局安全指数、生态质量指数、景观生态指数等对景观生态安全进行评估,进一步探究其影响生态安全格局的程度[145]。依此了解土地利用类型变化对生态安全格局变化的影响程度。然而，从土地资源的配置角度来分析，人类活动带来土地资源配置不均，对土地利用进行科学规划与安排才能改善土地使用的合理性。同样区域的建设离不开对土地功能的提前规划，为此，土地利用情景模拟方法的出现完善了对土地利用类型预测而带来的诸多问题[146]。总之，在资源环境演变与生态安全格局构建的相关研究中，对土地资源的关注必不可少，且土地资源所影响的景观生态因素也应考虑在内。

河南省处于中原腹地，各种资源地域分布不均，学者们从粮食[147]、水陆统筹[148]、生态保护[149]等多个方面对省内城市进行研究，同样对河南省全域生态系统服务进行评估从而构建生态安全格局[150]。以河南省行政区作为分析单元，不仅在数据获取方面有很大的便利，而且有利于获得生态保护的地方财政支持，有利于决策者针对省内的生态安全问题制定针对性政策，更有利于生态安全政策落实。

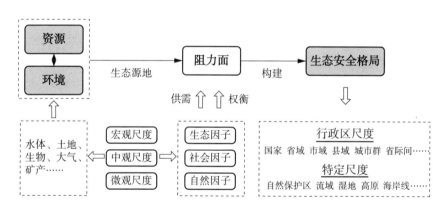

图 1-1 资源环境演变和生态安全格局构建关系图

第四节 研究内容

随着生态文明理念的全面深入，实现资源环境、生态保护与社会经济高质量发展相协调逐渐成为生态安全格局构建的首要目标。本书在现有理念的基础上，对河南省的资源环境与生态安全格局进行了内容丰富的调查研究，详细阐述了河南省当前存在的资源利用趋势与生态失衡现状；量化了过去、现在和未来河南省生态系统服务价值与土地利用变化的演变趋势；在明确河南省景观格局变化规律的基础上，对景观生态安全进行了精准评估；结合对河南省生态源地和阻力面的识别，提出了生态安全格局，通过对资源结构的重构和调整，提升地区抵御生态失衡危害的能力，更好地推动地区可持续发展目标的实现；最后，系统梳理了河南省资源利用与生态保护过程中存在的问题，并据此提出了解决路径。

一、资源环境与生态安全基本现状

从理论基础、国际经验、实践基础等方面出发，开展资源环境与生态安全的基本概念、相互关系、现存问题等的研究，系统解析资源环境与生态安全的科学内涵和架构，从河南省的自然资源定义、总况、类型和生态特征四个方面分别论述，为开展资源环境与生态安全的机理研究提供背景基础，构建资源环境与生态安全理论框架。

二、河南省自然资源现状与生态系统服务研究

系统梳理河南省生物资源、水资源、土地资源的构成、分布特征、利用问题与保护对策，构建了生态系统服务价值评估模型，包括模型构建基础、服务类型界定、价值量修正等方面，通过模型量化，重点开展可以提高人们生物多样性保护意识和"自然资源有价"认识的生态系统质量变化评估。明确河南省生态系统服务价值变化规律与敏感性特征，通过计量模型揭示生态保护过程中的驱动机制，并从自然发展、生态保护和耕地保护三种情景分别模拟并量化河南省未来生态系统服务价值的演变趋势。

三、河南省景观格局变化与生态安全评价研究

集合河南省资源利用、生态保护现状和生态系统服务价值演变趋势,从斑块类型和景观水平两方面分别对耕地、林地、草地、水域、建设用地和未利用地 6 种地类的变化进行分析,研判河南省内景观格局分布特征与演变规律。并在此基础上,通过景观安全指数(斑块密度、边缘密度、景观分离度、景观优势度、景观脆弱度指数)、生态质量指数(生物丰度指数、植被覆盖度、生态系统服务价值)和景观生态安全指数衡量河南省的景观状况、结构形态、功能大小以及景观生态安全的时空演变趋势,厘定景观生态安全空间分异的区位特征。

四、河南省生态安全格局构建与问题、对策研究

综合河南省资源环境现状与景观生态可持续之间的互馈效应,集合景观格局演变规律和生态安全评价结果,在河南省境内通过识别生态源地、构建阻力面、量化最小累积阻力差值,构建由核心保护区、一般保护区、生态缓冲区、生产生活区和重点开发区 5 个生态适宜区组成的河南省生态安全格局。此外,综合以上研究结果,揭示河南省生态环境治理过程中存在的问题,并提出可解决的途径,为河南省高质量发展和国土空间调控提供科学依据。

第五节 技术路线

本书以资源利用、环境保护和生态安全为主线,以现状、服务、格局、评价、分区为研究框架,以实现资源有效利用、环境高质量发展和生态安全格局构建的最终目标。将河南省作为研究区,集合演变趋势、地理探测、格局界定和模式模拟等方法,探析服务生态保护和高质量发展的地区生态安全格局。本书的技术路线如图 1-2 所示。

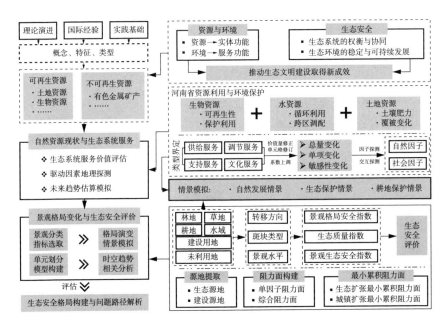

图 1-2 技术路线图

参考文献

［1］ZAHOOR Z, LATIF M I, KHAN I, et al. Abundance of natural resources and environmental sustainability：the roles of manufacturing value-added, urbanization, and permanentcropland［J］. Environmental Science and Pollution Research，2022，29（54）：82365-82378.

［2］MA L, BO J, LI X, et al. Identifying key landscape pattern indices influencing the ecological security of inland river basin：the middle and lower reaches of Shule River Basin as an example［J］. Science of the Total Environment，2019（674）：424-438.

［3］DA ENCARNAÇÃO PAIVA A C, NASCIMENTO N, RODRIGUEZ D A, et al. Urban expansion and its impact on water security：the case of the

Paraíba do Sul River Basin, São Paulo, Brazil [J]. Science of the Total Environment, 2020 (720): 137509.

[4] CHEN S, SAUD S, BANO S, et al. The nexus between financial development, globalization, and environmental degradation: fresh evidence from Central and Eastern EuropeanCountries [J]. Environmental Science and Pollution Research, 2019 (26): 24733-24747.

[5] MA X B, SUN B, HOU G L, et al. Evaluation and spatial effects of tourism ecological security in the Yangtze River Delta [J]. Ecological Indicators, 2021 (131): 108190.

[6] KUMAR S, GOPINATH K A, SHEORAN S, et al. Pulse-based cropping systems for soil health restoration, resources conservation, and nutritional and environmental security in rainfed agroecosystems [J]. Frontiers in Microbiology, 2023 (13): 1041124.

[7] XIAO S, WU W, GUO J, et al. An evaluation framework for designing ecological security patterns and prioritizing ecological corridors: application in Jiangsu Province, China [J]. Landscape Ecology, 2020 (35): 2517-2534.

[8] WANG D, CHEN J, ZHANG L, et al. Establishing an ecological security pattern for urban agglomeration, taking ecosystem services and human interference factors intoconsideration [J]. PeerJ, 2019 (7): 7306.

[9] WANG C X, YU C Y, CHEN T Q, et al. Can the establishment of ecological security patterns improve ecological protection? An example of Nanchang, China [J]. Science of the Total Environment, 2020 (740): 140051.

[10] HAN B L, LIU H X, WANG S R. Urban ecological security assessment for cities in the Beijing-Tianjin-Hebei metropolitan region based on fuzzy and entropymethods [J]. Ecological Modelling, 2015 (318):

217-225.

[11] 傅伯杰. 国土空间生态修复亟待把握的几个要点 [J]. 中国科学院院刊, 2021, 36 (1): 64-69.

[12] 陈利顶, 孙然好, 孙涛, 等. 城市群生态安全格局构建: 概念辨析与理论思考 [J]. 生态学报, 2021, 41 (11): 4251-4258.

[13] OUYANG X, TANG L, WEI X, et al. Spatial interaction between urbanization and ecosystem services in Chinese urban agglomerations [J]. Land Use Policy, 2021 (109): 105587.

[14] CHEN M, LIU W, LU D. Challenges and the way forward in China's new-typeurbanization [J]. Land use policy, 2016 (55): 334-339.

[15] LI X, LI S, ZHANG Y, et al. Landscape ecological risk assessment under multipleindicators [J]. Land, 2021, 10 (7): 739.

[16] MARON M, MITCHELL M G E, RUNTING R K, et al. Towards a threat assessment framework for ecosystemservices [J]. Trends in Ecology & Evolution, 2017, 32 (4): 240-248.

[17] KUKKALA A S, MOILANEN A. Ecosystem services and connectivity in spatial conservationprioritization [J]. Landscape Ecology, 2017 (32): 5-14.

[18] SHEN L Y, SHU T H, LIAO X, et al. A new method to evaluate urban resources environment carrying capacity from the load-and-carrierperspective [J]. Resources, Conservation and Recycling, 2020 (154): 104616.

[19] SONG M L, MA X W, SHANG Y P, et al. Influences of land resource assets on economic growth and fluctuation in China [J]. Resources Policy, 2020 (68): 101779.

[20] AZADI H, VANHAUTE E. Evolution of land distribution in the

context of development theories ［J］. Land Use Policy, 2020 （97）: 104730.

［21］ FU J, DING R, ZHU Y Q, et al. Analysis of the spatial - temporal evolution of green and low carbon utilization efficiency of agricultural land in China and its influencing factors under the goal of carbon neutralization ［J］. Environmental Research, 2023 （237）: 116881.

［22］ LI H Y, WANG Z Q, ZHU M Y, et al. Study on the spatial-temporal evolution and driving mechanism of urban land green use efficiency in the Yellow River Basin cities ［J］. Ecological Indicators, 2023 （154）: 110672.

［23］ WANG Z L, QU L, CHEN M. Evolution characteristics, drivers and trends of rural residential land in mountainous economic circle: a case study of Chengdu-Chongqing area, China ［J］. Ecological Indicators, 2023 （154）: 110585.

［24］ 詹绍奇, 张旭阳, 陈孝杨, 等. 2000—2020 年淮南矿区土地利用变化对碳源/碳汇时空格局的影响 ［J］. 水土保持通报, 2023, 43 （3）: 310-319.

［25］ ZHANG S N, CHEN C, YANG Y, et al. Coordination of economic development and ecological conservation during spatiotemporal evolution of land use/cover in eco - fragileareas ［J］. CATENA, 2023 （226）: 107097.

［26］ LI W H, XIANG M S, DUAN L S, et al. Simulation of land utilization change and ecosystem service value evolution in Tibetan area of SichuanProvince ［J］. Alexandria Engineering Journal, 2023 （70）: 13-23.

［27］ 张荣天, 张小林, 尹鹏. 长江经济带市域土地资源承载力时空分异与影响因素探析 ［J］. 经济地理, 2022, 42 （5）: 185-192.

［28］ 李硕, 沈占锋, 柯映明, 等. 1974-2019 年大清河流域土地

利用景观时空变化［J］. 水土保持研究，2021，28（1）：195-203+210.

　　［29］石忆邵，尹昌应，王贺封，等. 城市综合承载力的研究进展及展望［J］. 地理研究，2013，32（1）：133-145.

　　［30］鲁春阳，文枫. 基于均方差法的郑州土地综合承载力评价［J］. 中国农业资源与区划，2019，40（11）：20-25.

　　［31］SUN M Y, WANG J G, He K Y. Analysis on the urban land resources carrying capacity during urbanization：a case study of Chinese YRD［J］. Applied Geography, 2020（116）：102170.

　　［32］曹飞，郑庆玲. 中国省域城市承载力测度及提升对策［J］. 技术经济，2016，35（9）：99-105.

　　［33］程小于，杨庆媛，毕国华. 重庆市江津区土地资源承载力时空差异研究［J］. 长江流域资源与环境，2019，28（10）：2319-2330.

　　［34］ZHANG F L, ZHU F Z. Exploring the temporal and spatial variability of water and land resources carrying capacity based on ecological footprint：a case study of the Beijing-Tianjin-Hebei urban agglomeration, China［J］. Current Research in Environmental Sustainability, 2022（4）：100135.

　　［35］HU W M, ZHANG S B, FU Y S, et al. Objective diagnosis of machine learning method applicability to land comprehensive carrying capacity evaluation：a case study based on integrated RF and DPSIR models［J］. Ecological Indicators, 2023（151）：110338.

　　［36］SHI Y S, WANG H F, YIN C Y. Evaluation method of urban land population carrying capacity based on GIS：a case of Shanghai, China［J］. Computers, Environment and Urban Systems, 2013（39）：27-38.

　　［37］SHEN L Y, CHENG G Y, DU X Y, et al. Can urban agglomeration bring 1 + 1 > 2Effect? A perspective of land resource carrying capacity［J］. Land Use Policy, 2022（117）：106094.

［38］靳亚亚，靳相木，李陈．基于承压施压耦合曲线的城市土地承载力评价——以浙江省 32 个城市为例［J］．地理研究，2018，37（6）：1087-1099.

［39］LIAO X，FANG C L，SHU T S. Multifaceted land use change and varied responses of ecological carrying capacity：a case study of Chongqing，China［J］. Applied Geography，2022（148）：102806.

［40］LI Z T，SHI T H，WU Y J，et al. Effect of traffic tidal flow on pollutant dispersion in various street canyons and corresponding mitigation-strategies［J］. Energy and Built Environment，2020，1（3）：242-253.

［41］FU F，DENG S M，WU D，et al. Research on the spatiotem-poral evolution of land use landscapepattern in a county area based on CA-Markov model［J］. Sustainable Cities and Society，2022（80）：103760.

［42］WANG Q，WANG H J. Spatiotemporal dynamics and evolution relationships between land-use/land cover change and landscape pattern in response to rapid urban sprawl process：a case study in Wuhan，China［J］. Ecological Engineering，2022（182）：106716.

［43］任金铜，杨可明，陈群利，等．贵州草海湿地区域土地利用景观生态安全评价［J］．环境科学与技术，2018，41（5）：158-165.

［44］徐允，张培，周宝同．基于 Shannon 多样性 t 检验法的土地利用景观分区研究——以重庆市永川区为例［J］．中国农业资源与区划，2019，40（1）：134-141+151.

［45］DUAN X Y，CHEN Y，WANG L Q，et al. The impact of land use and land cover changes on the landscape pattern and ecosystem service value in Sanjiangyuan region of the Qinghai-TibetPlateau［J］. Journal of Environmental Management，2023（325）：116539.

［46］MOHAMMADYARI F，TAVAKOLI M，ZARANDIAN A，et

al. Optimization land use based on multi－scenario simulation of ecosystem service for sustainable landscape planning in a mixed urban－Forest watershed ［J］. Ecological Modelling, 2023（483）: 110440.

［47］DENG X Z, HUANG J K, ROZELLE S, et al. Cultivated land conversion and potential agricultural productivity in China ［J］. Land Use Policy, 2006, 23（4）: 372-384.

［48］RONG T Q, ZHANG P Y, LI G H, et al. Spatial correlation evolution and prediction scenario of land use carbon emissions in the Yellow RiverBasin ［J］. Ecological Indicators, 2023（154）: 110701.

［49］谭昭昭，陈毓道，丁憬枫，等. 浙江东部沿海城市土地利用模拟及生态系统服务价值评估 ［J/OL］. 应用生态学报, 2019（4）: 1-14.

［50］DENG X Z, WENX. An equilibrium algorithm to simulate the structure of land use changes ［J］. Advances in Computer Science, Intelligent System and Environment, 2011（105）: 245-249.

［51］YU Z Y, DENG X Z. Structural succession of land resources under the influence of different policies: a case study for Shanxi Province, China ［J］. Land Use Policy, 2023（132）: 106810.

［52］GLEESON T, WADA Y, BIERKENS M F P, et al. Water balance of global aquifers revealed by groundwater footprint ［J］. Nature, 2012（488）: 197-200.

［53］ESTRELA T, PRERZ－MARTIN M A, VARGAS E. Impacts of climate change on water resources in Spain ［J］. Hydrological Sciences Journal, 2012（57）: 1154-1167.

［54］JING P R, SHENG J B, HU T S, et al. Spatiotemporal evolution of sustainable utilization of water resources in the Yangtze River Economic Belt based on an integrated water ecological footprint model ［J］. Journal of

Cleaner Production，2022（358）：132035.

［55］LV T G，LIU W D，ZHANG X M，et al. Spatiotemporal evolution of the green efficiency of industrial water resources and its influencing factors in the Poyang Lakeregion［J］. Physics and Chemistry of the Earth，2021（124）：103049.

［56］GHIZELLAOUI S. Evaluation and evolution of the quality of the water resources in the distribution network［J］. Desalination，2008，222（1）：502-512.

［57］李国佳，乌琼，李江玉，等. 内蒙古自治区用水结构演变与水资源承载能力分析［J］. 人民黄河，2023，45（1）：32-33.

［58］AIT-AOUDIA M N，BEREZOWSKA-AZZAG E. Water resources carrying capacity assessment：the case of Algeria′s capitalcity［J］. Habitat International，2016（58）：51-58.

［59］HU M Q，LI C J，ZHOU W X，et al. An improved method of u-sing two-dimensional model to evaluate the carrying capacity of regional water resource in Inner Mongolia ofChina［J］. Journal of Environmental Manage-ment，2022（313）：114896.

［60］WEI J，WEI Y P，WESTERN A. Evolution of the societal value of water resources for economic development versus environmental sustainability in Australia from 1843 to 2011［J］. Global Environmental Change，2017（42）：82-92.

［61］李雪，于坤霞，李鹏，等. 黄河流域不同水资源区降雨集中度时空演变与驱动力［J］. 水土保持研究，2023，30（5）：266-273.

［62］乔友凤，李奕曼，陈义忠，等. 京津冀地区城镇化与水资源可持续利用的演变及匹配特征［J］. 水资源与水工程学报，2023，34（3）：64-73+82.

［63］WANG X Y，ZHANG S L，TANG X P，et al. Spatiotemporal

heterogeneity and driving mechanisms of water resources carrying capacity for sustainable development of Guangdong Province in China [J]. Journal of Cleaner Production, 2023 (412): 137398.

[64] 蔡立亚, 郭剑锋, 石川, 等. "双碳"目标下中国能源供需演变路径规划模拟研究 [J/OL]. 气候变化研究进展, 2013 (1): 1-19.

[65] FAN J J, WANG J L, QIU J X, et al. Stage effects of energy consumption and carbon emissions in the process of urbanization: evidence from 30 provinces in China [J]. Energy, 2023 (276): 127655.

[66] 张晓昱, 路杭霖, 郑鹏飞. 绿色发展视角下黄河流域能源利用效率测算与趋势分析——基于收敛性与空间动态演变研究 [J]. 河南师范大学学报 (自然科学版), 2023, 51 (2): 45-55.

[67] GUO Y Y, UHDE H, WEN W. Uncertainty of energy consumption and CO_2 emissions in the building sector in China [J]. Sustainable Cities and Society, 2023 (97): 104728.

[68] FENG M Y, ZHAO R Q, HUANG H P. Water-energy-carbon nexus of different land use types: the case of Zhengzhou, China [J]. Ecological Indicators, 2022 (141): 109073.

[69] GENG W L, LI Y Y, ZHANG P Y, et al. Analyzing spatio-temporal changes and trade-offs/synergies among ecosystem services in the Yellow River Basin, China [J]. Ecological Indicators, 2022 (138): 108825.

[70] COSTANZA R, LIU S. Ecosystem services and environmental governance: comparing China and the U. S [J]. Asia & the Pacific Policy Studies, 2014, 1 (1): 160-170.

[71] TANSLEY A G. 1935: the use and abuse of vegetational concepts andterms [J]. Progress in Physical Geography, 2007, 31 (5): 517-522.

［72］DAILY G C，SÖDERQVIST T，ANIYAR S，et al. The value of nature and the nature of value ［J］. Science，2000，289（5478）：395-396.

［73］刘晓获. 生态系统服务 ［J］. 环境导报，1998（1）：44-45.

［74］COSTANZA R，D'ARGE R，DE GROOT R，et al. The value of the world's ecosystem services and natural capital ［J］. Nature，1997，387（6630）：253-260.

［75］丁易. 重庆黔江区森林生态系统服务价值评估及其生态系统管理研究 ［D］. 重庆：西南师范大学，2003.

［76］谢高地，张钇锂，鲁春霞，等. 中国自然草地生态系统服务价值 ［J］. 自然资源学报，2001，16（1）：47-53.

［77］谢高地，鲁春霞，冷允法，等. 青藏高原生态资产的价值评估 ［J］. 自然资源学报，2003，18（2）：189-196.

［78］姜晗，吴群. 基于 LUCC 的江苏省生态系统服务价值评估及时空演变特征研究 ［J］. 长江流域资源与环境，2021，30（11）：2712-2725.

［79］王钊. 三江源草地生态服务价值变化及生态补偿研究 ［D］. 北京：中国地质大学，2019.

［80］PAN J F，MA Y W，CAI S Q，et al. Distribution patterns of lake-wetland cultural ecosystem services in highland ［J］. Environmental Development，2022（44）：100754.

［81］潘健峰，马月伟，蔡思青，等. SolVES 模型在生态系统服务功能社会价值评估中的应用 ［J］. 世界林业研究，2023，36（1）：20-25.

［82］LI F，ZHANG S W，YANG J C，et al. Effects of land use change on ecosystem services value in West Jilin since the reform and opening of China ［J］. Ecosystem Services，2018（31）：12-20.

［83］RAO N S, GHERMANDI A, PORTELA R, et al. Global values of coastal ecosystem services：a spatial economic analysis of shoreline protectionvalues ［J］. Ecosystem Services, 2015（11）：95-105.

［84］MENDOZA-GONZÁLEZ G, MARTÍNEZ M L, LITHGOW D, et al. Land use change and its effects on the value of ecosystem services along the coast of the Gulf of Mexico ［J］. Ecological Economics, 2012（82）：23-32.

［85］GAO X, SHEN J Q, HE W J, et al. Spatial-temporal analysis of ecosystem services value and research on ecological compensation in Taihu Lake Basin of Jiangsu Province in China from 2005 to 2018 ［J］. Journal of Cleaner Production, 2021（317）：128241.

［86］FAN M, XIAO Y T. Impacts of the grain for Green Program on the spatial pattern of land uses and ecosystem services in mountainous settlements in southwest China ［J］. Global Ecology and Conservation, 2020（21）：00806.

［87］BEROHO M, BRIAK H, CHERIF E, et al. Future scenarios of Land Use/Land Cover（LULC）based on a CA-Markov simulation model：case of a mediterranean watershed in Morocco ［J］. Remote Sensing, 2023, 15（4）：1162-1162.

［88］马克明, 傅伯杰, 黎晓亚, 等 . 区域生态安全格局：概念与理论基础 ［J］. 生态学报, 2004（4）：761-768.

［89］戴文远, 黄华富, 黄万里, 等 . 海岛生态脆弱区景观生态安全时空分异特征——以福建海坛岛为例 ［J］. 生态科学, 2017, 36（4）：152-159.

［90］武泽民, 余哲修, 李瑶, 等 . 滇池流域土地利用演变及景观生态安全评价研究 ［J］. 西南林业大学学报（自然科学）, 2021, 41（3）：122-129.

［91］袁媛，罗志军，赵杰，等．基于景观结构和空间统计学的南昌市景观生态安全评价［J］．水土保持研究，2020，27（3）：247-255.

［92］李雪冬，杨广斌，周越，等．基于3S技术的岩溶地区城市景观生态安全评价——以贵阳市为例［J］．中国岩溶，2016，35（3）：340-348.

［93］潘竟虎，刘晓．基于空间主成分和最小累积阻力模型的内陆河景观生态安全评价与格局优化——以张掖市甘州区为例［J］．应用生态学报，2015，26（10）：3126-3136.

［94］李秀芝．北戴河新区耕地景观生态安全时空变化研究［J］．中国农业资源与区划，2017，38（3）：59-64.

［95］杨青生，乔纪纲，艾彬．快速城市化地区景观生态安全时空演化过程分析——以东莞市为例［J］．生态学报，2013，33（4）：1230-1239.

［96］赵筱青，王兴友，谢鹏飞，等．基于结构与功能安全性的景观生态安全时空变化——以人工园林大面积种植区西盟县为例［J］．地理研究，2015，34（08）：1581-1591.

［97］叶鑫，邹长新，刘国华，等．生态安全格局研究的主要内容与进展［J］．生态学报，2018，38（10）：3382-3392.

［98］BLAIKIE P. Epilogue：towards a future for political ecology that works［J］. Geoforum，2008，39（2）：765-772.

［99］CAPOTORTI G，GUIDA D，SIERVO V，et al. Ecological classification of land and conservation of biodiversity at the national level：the case of Italy［J］. Biological Conservation，2012，147（1）：174-183.

［100］LASSUY D. Scenario planning to identify science needs for the management of energy and resource development in the Arctic［J］. Ciência Rural，2014，44（1）：71-78.

［101］BRAND U，VADROT A. Epistemic selectivities and the valorisation of nature：the cases of the Nagoya protocol and the intergovernmental science-policy platform for biodiversity and ecosystem services ［J］. Law, Environment and Development Journal，2013，9（2）：202-220.

［102］PICKARDI B R，DANIEL J，MEHAFFEY M，et al. A new geospatial tool to foster ecosystem services science and resourcemanagement ［J］. Ecosystem Services，2015（14）：45-55.

［103］俞孔坚. 生物保护的景观生态安全格局 ［J］. 生态学报，1999（1）：10-17.

［104］张学渊，魏伟，颉斌斌，等. 西北干旱区生态承载力监测及安全格局构建 ［J］. 自然资源学报，2019，34（11）：2389-2402.

［105］刘海龙，李迪华，韩西丽. 生态基础设施概念及其研究进展综述 ［J］. 城市规划，2005（9）：70-75.

［106］王回苗，李汉廷，谢苗苗，等. 资源型城市工矿用地系统修复的生态安全格局构建 ［J］. 自然资源学报，2020，35（1）：162-173.

［107］徐德琳，邹长新，徐梦佳，等. 基于生态保护红线的生态安全格局构建 ［J］. 生物多样性，2015，23（6）：740-746.

［108］俞孔坚，李海龙，李迪华，等. 国土尺度生态安全格局 ［J］. 生态学报，2009，29（10）：5163-5175.

［109］韩宗伟，焦胜，胡亮，等. 廊道与源地协调的国土空间生态安全格局构建 ［J］. 自然资源学报，2019，34（10）：2244-2256.

［110］熊星，唐晓岚，叶海跃，等. 基于"源汇"格局的传统乡村景观保护与导控策略 ［J］. 地域研究与开发，2019，38（6）：120-125.

［111］李怡，赵小敏，郭熙，等. 基于 InVEST 和 MCR 模型的南方山地丘陵区生态保护红线优化 ［J］. 自然资源学报，2021，36（11）：2980-2994.

［112］郝月，张娜，杜亚娟，等. 基于生境质量的唐县生态安全格

局构建 [J]. 应用生态学报, 2019, 30 (3): 1015-1024.

[113] 田雅楠, 张梦晗, 许荡飞, 等. 基于"源—汇"理论的生态型市域景观生态安全格局构建 [J]. 生态学报, 2019, 39 (7): 2311-2321.

[114] 吴健生, 罗可雨, 马洪坤, 等. 基于生态系统服务与引力模型的珠三角生态安全与修复格局研究 [J]. 生态学报, 2020, 40 (23): 8417-8429.

[115] 王浩, 马星, 杜勇. 基于生态系统服务重要性和生态敏感性的广东省生态安全格局构建 [J]. 生态学报, 2021, 41 (5): 1705-1715.

[116] 陈德权, 兰泽英, 李玮麒. 基于最小累积阻力模型的广东省陆域生态安全格局构建 [J]. 生态与农村环境学报, 2019, 35 (7): 826-35.

[117] EHRLICH P, EHRLICH A. Extinction: the causes and consequences of the disappearance of Species [M]. University Press. 1981.

[118] CAO Y, LIU M, ZHANG Y. et al. Spatiotemporal evolution of ecological security in the Wanjiang city belt [J]. Chinese Geographical Science, 2020 (30): 1052-1064.

[119] 傅伯杰, 刘国华, 陈利顶, 等. 中国生态区划方案 [J]. 生态学报, 2001, 21 (1): 1-6.

[120] ZHOU G J, HUAN Y Z, WANG L Q, et al. Constructing a multi-leveled ecologicalsecurity pattern for improving ecosystem connectivity in the Asian water tower region [J]. Ecological Indicators, 2023 (154): 110597.

[121] LANGLE-FLORES A, RODRÍGUEZ A A, ROMERO-URIBE H, et al. Multi-level social-ecological networks in a payments for ecosystem services programme in central Veracruz, Mexico [J]. Environmental Con-

servation，2021，48（1）：41-47.

[122] HEPCAN，HEPCAN Ç C，BOUWMA I M，et al. Ecological networks as a new approach for nature conservation in Turkey：a case study of Izmir Province [J]. Landscape and Urban Planning，2009，90（3-4）：143-154.

[123] TAN L M，ARBABI H，LI Q，et al. Ecological network analysis on intra-city metabolism of functional urban areas in England and Wales [J]. Resources，Conservation and Recycling，2018（138）：172-182.

[124] SAYLES J S，BAGGIO J A. Social-ecological network analysis of scale mismatches in estuary watershedrestoration [J]. Proceedings of the National Academy of Sciences，2017，114（10）：1776-1785.

[125] 傅伯杰，欧阳志云，施鹏，等．青藏高原生态安全屏障状况与保护对策 [J]．中国科学院院刊，2021，36（11）：1298-1306.

[126] DUNN C J，D O'CONNOR C，ABRAMS J，et al. Wildfire risk science facilitates adaptation of fire-prone social-ecological systems to the new firereality [J]. Environmental Research Letters，2020，15（2）：025001.

[127] 刘某承．基于碳足迹的中国能源消费生态安全格局研究 [J]．景观设计学，2016，4（5）：10-17.

[128] ZHOU Q，VAN DEN BOSCH C C K，Chen J，et al. Identification of ecological networks and nodes in Fujian Province based on green and blue corridors [J]. Scientific Reports，2021，11（1）：20872.

[129] JIAO Z Z，WU Z，WEI B J，et al. Introducing big data to measure the spatial heterogeneity of human activities for optimizing the ecological security pattern：a case study from Guangzhou City，China [J]. Ecological Indicators，2023（150）：110203.

［130］陈月娇，李祥，王月健，等．尺度整合视角下伊犁河谷地区生态安全格局构建——以昭苏县为例［J/OL］．生态学报，2023（19）：1-12.

［131］于成龙，刘丹，冯锐，等．基于最小累积阻力模型的东北地区生态安全格局构建［J］．生态学报，2021，41（1）：290-301.

［132］LI L，HUANG X J，WU D F，et al. Optimization of ecological security patterns considering both natural and social disturbances in China′s largest urban agglomeration［J］．Ecological Engineering，2022（180）：106647.

［133］冯起，白光祖，李宗省，等．加快构建西北地区生态保护新格局［J］．中国科学院院刊，2022，37（10）：1457-1470.

［134］邹珮雯，徐昉．耦合 ERI-MCR-PLUS 模型的生态安全格局构建及景观生态风险预测研究——以赛罕乌拉国家级自然保护区为例［J/OL］．生态学报，2023（23）：1-13.

［135］杨清可，王磊，李永乐，等．基于景观生态安全格局构建的城镇空间扩展模式研究——以江苏沿海地区为例［J］．地理科学，2021，41（5）：737-746.

［136］赵诚诚，潘竟虎．基于供需视角的黄河流域甘肃段生态安全格局识别与优化［J］．生态学报，2022，42（17）：6973-6984.

［137］马扩，郝丽娜，童新，等．科尔沁沙丘-草甸相间地区生态安全格局的时空演变［J］．应用生态学报，2023，34（8）：2215-2225.

［138］赵筱青，谭琨，易琦，等．典型高原湖泊流域生态安全格局构建——以杞麓湖流域为例［J］．中国环境科学，2019，39（2）：768-777.

［139］雷金睿，陈宗铸，陈毅青，等．1990—2018 年海南岛湿地景观生态安全格局演变［J］．生态环境学报，2020，29（2）：293-302.

［140］刘纪远，匡文慧，张增祥，等．20 世纪 80 年代末以来中国

土地利用变化的基本特征与空间格局［J］. 地理学报，2014，69（1）：3-14.

［141］臧淑英，黄樨，郑树峰. 资源型城市土地利用变化的景观过程响应——以黑龙江省大庆市为例［J］. 生态学报，2005（7）：1699-1706.

［142］杨帅琦，何文，王金叶，等. 基于景观生态风险评估的漓江流域生态安全格局构建［J/OL］. 中国环境科学，2022（1）：1-12.

［143］沈润，史正涛，何光熊，等. 基于景观破碎化指数的西双版纳生态安全格局构建与优化［J］. 热带地理，2022，42（8）：1363-1375.

［144］谢高地，张彩霞，张昌顺，等. 中国生态系统服务的价值［J］. 资源科学，2015，37（9）：1740-1746.

［145］彭建，赵会娟，刘焱序，等. 区域生态安全格局构建研究进展与展望［J］. 地理研究，2017，36（3）：407-419.

［146］ZHANG Z，HU B Q，JIANG W G，et al. Construction of ecological security pattern based on ecological carrying capacity assessment 1990-2040：a case study of the Southwest Guangxi Karst-Beibu Gulf［J］. Ecological Modelling，2023（479）：110322.

［147］樊鹏飞，孟悦，梁流涛，等. 耕地生态安全评价及时空格局分析——以传统农业区河南省周口市为例［J］. 河南大学学报（自然科学版），2017，47（1）：16-23.

［148］张杨，宁浩桐，魏凌. 水陆统筹视角下的生态空间划定及用途管制探讨——以河南省新安县为例［J］. 中国土地，2019，6：28-30.

［149］杨立琨，周婧楠，孙道成，等. 基于面向未来生态保护的全域生态安全格局构建——以开封为例［J］. 城市发展研究，2022，29（9）：33-39.

［150］CHEN S Q, LI L, LI X M, et al. Identification and Optimization Strategy for the Ecological Security Pattern in Henan Province Based on Matching the Supply and Demand of Ecosystem Services ［J］. Land, 2023, 12 (7): 1307.

第二章

理论基础

第一节　资源与环境

一、资源、环境的科学内涵及相互关系

当前，气候变化是环境演变在全球范围内产生影响最广泛的问题之一。联合国重点关注社会福利和可持续发展问题，并通过可持续发展目标缓解资源损失、环境退化等问题[1-2]。资源和环境作为地球生态的重要组成部分，是人类生存和发展所必需的物质基础，二者既相互制约也相辅相成[3]。

在社会经济条件不断变化的前提下，随着生产力水平的提高，"资源"与"环境"的概念不断被延伸，人们对二者关系的认识也在逐渐深化。资源通常被认为天然存在，是为人类当前和未来发展提供福利的自然环境因素的综合，可分为自然资源和社会资源，并有广义和狭义之分[4-5]。其中，广义的资源指由自然、社会和经济组成复杂、开放的巨系统，具有多样的存在形式，并为人类生产、生活提供物质基础，可分为物质资源、信息资源和精神资源。狭义的资源指组成人类生存环境的基本要素，尤其是满足人类生产和生活所需的自然资源的总和[6]。同时，不同领域和发展阶段人们对资源的定义也各不相同，《辞海》一书

将资源解释为"资财的来源";马克思认为资源是劳动和土地,并认为二者是能够创造财富的最原始要素;恩格斯指出自然界为劳动提供物质材料,并通过劳动转化为财富,因此认为自然界与劳动的结合才是财富的来源[7]。《经济学解说》指出资源的本质即生产要素,并将资源定义为"生产过程中所使用的投入"[8]。牛津词典中则将资源定义为未被人类活动影响而存在的资源[9]。可见,实际上一切有价值的物质即资源,其既包括具有显性价值的物质,也包括具有隐性价值的物质。

相对于某项中心事物而言的周围事物被统称为"环境",包括自然环境、人为环境以及政治、经济等环境[10]。《中华人民共和国环境保护法》将环境定义为:大气、水、土地等作用于人类这一客体之外的其他事物,即对人类生存和发展构成影响的各种天然、非天然的自然因素的综合体。由此衍生出的环境问题则多为由人类活动作用导致周围环境发生质量变化的现象,以及该现象对人类生产和生活产生的影响。可见,其涵盖了资源中有价值的部分。此外,随着人类活动的日渐加剧,环境对人类也构成影响,如 1798 年 Malthus 首次提出了环境对人口的影响[11]。

资源与环境构成地球生命共同体,是承载人类社会发展和自然生态系统的关键物质基础,共同组成人类生活的保障系统[12]。从生态学的角度出发,资源和环境体现着人与自然之间不同的功能关系,是人类生存发展必不可少的自然要素[10]。现有针对资源与环境研究的关注点也存在差异。例如,Perman 等认为资源多强调基于有限数量下的可持续、效率和最优化[13]。环境多侧重退化、改善和保护等质量问题,如恶化、污染等[14-16]。此外,也有观点认为,当从质量的角度看待自然界中维持人类赖以生存的土壤、水和大气资源时,则转变为土壤环境、水环境和大气环境。Park 也在其研究中提出了资源属于环境的一部分的观点[17]。

资源与环境所体现的功能不同。前者体现实体功能，即自然对人类实体的直接作用；后者体现客体的服务功能（或受纳功能），具体表现在接受和容纳人类活动过程中产生的无用副产品和为人类提供栖息地的直接和间接作用[10]。可见，现有研究中针对资源和环境的含义和相互关系的边界认识仍较为模糊，因此正确认识资源和环境的关系有助于准确认识生态文明的内涵，精确把握当前生态文明建设所面临的困境，并有针对性地提高生态文明建设的自觉性。

二、当代资源环境的问题

随着地球地质时代由"全新世"向"人类世"的转变，人类在生产生活中对资源的攫取，以及过度排放对环境构成的压力，成为全球环境变化的首要驱动因子。21世纪最突出的问题之一即气候变化。例如，自19世纪后期以来，地球的平均表面热量增加了2.0华氏度，全球平均海平面上升了178毫米[18]。随着全球经济的快速发展，人类从地球上提取和收获的资源越来越多。目前，由于人口的增长和对资源的更高需求，人类每年提取约600亿吨自然资源，比30年前增加了50%[19]。发达国家和新兴国家对资源的过度消耗导致了严重的环境后果，如森林面积缩小、水资源短缺和气候变化。

在过去的一段时间，许多国家在促进经济增长的同时忽视了资源不当利用对环境造成的影响。不可否认的是，经济发展与气候和可持续环境直接相互作用。国家用于经济发展和提高竞争力的自然资源引发了环境退化[20]。资源对环境的影响可能因发展水平而异。在开发的早期阶段需要更多的资源，而忽视了对环境的破坏。由于后期福利等级的提高和人类对更清洁环境的需求，资源对环境的影响将发生正向变化[21]。此外，一些国家为了加快经济增长进程而过度消耗自然资源，从而出现气候变化和森林面积缩小等环境问题[22]。

Caglar等提出自然资源的正向冲击有助于减少环境破坏，而负向冲击则对环境质量构成了负面影响[23]。由于工业化的发展，经济增长和环境质量之间的平衡已成为人类最关心的问题[24]。在促进经济增长和自由化的经济政策中，环境因素常常被忽视。如果不考虑环境因素，就会对生态系统构成突然的、不可逆的破坏。无论发展水平如何，都必须从所有国家福利的角度维持环境质量[25]。为了实现可持续发展目标，需要加强资源利用与环境之间的关系，并实施结构性改革[26]。

我国是世界上人口最多的国家，也是一个快速发展的新兴经济体，我国人民也从这种长期的经济增长中获益，但越来越多的资源正在被消耗。经济的发展对资源环境造成严重破坏，近年来我国的生态环境问题呈几何级增长趋势，对人民的生产、生活产生深远影响。

（一）资源短缺

生物质能、矿物和化石燃料等自然资源是地球上生命的基础。同时，这些资源通过资源开采、后续的物质流动和库存以及最终的废物排放给环境带来压力[27]。因此，减少资源投入是改善环境质量的有效手段[28]。一个多世纪以来，我们的地球经历了资源开采的持续增长。自第二次世界大战以来，由于人口增长和经济扩张，这种增长更加明显[29]。

1. 水资源

尽管我国的水资源总量较大，达 28291 亿立方米，可再生水资源总量也位居世界前列，但随着大规模的工业发展，用水需求也在逐年增加。具体表现在，首先，相关统计显示我国人均水资源占有量为 2200 立方米，远低于世界人均水资源占有量（9000 立方米）。随着社会经济的不断发展，预计在 2030 年后，水资源短缺将增加至 400 亿~600 亿立方米，水资源供需矛盾加剧。其次，我国气候条件多样导致降水的空间分布极不均衡，主要表现为东南部地区降水充足、西北部地区降水匮乏，水资源分配极不均衡。最后，水资源的利用效率低下，且环境污染问题严重，不合理利用和过度开发问题导致水资源浪费、河流间歇性断流频发。此外，工业、农业废水排放量增加极易造成水质性缺水，进而影响湿地、湖泊乃至气候。

2. 土地资源

土地是地球表面最普遍和最具动态的景观现象，在反映区域和全球环境变化方面发挥着关键作用[30]。一方面，我国国土面积达960万平方公里，以世界上7%的土地养活着22%的人口，且人均耕地面积远低于世界平均水平（43%）[31]。随着经济的快速发展，工矿、交通用地、城乡居民点等的建设用地急剧增加，可被利用的土地面积正大幅减少。我国第三次国土调查显示，耕地面积较第二次国土调查减少了11287万亩，即每年减少近1000万亩。可见，在可预见的时期内仍需坚守耕地保护红线。另一方面，我国土地资源开发强度大，耕地后备资源少，从耕作条件看，优质耕地（即热量充沛、水源充足的耕地）仅占全国耕地的1/3，大部分地区耕地质量退化趋势严峻，面临着"耕地非农化"、盐碱化、荒漠化等问题。

3. 能源

高能耗是一个国家实现经济增长的基本指标之一[32]，化石燃料仍将是未来十年最重要的能源[33]。和世界其他地区一样，中国正在经历经济能源转型时期。过去40年来，有超过6.5亿人口迁居城市，城市化率从19.39%上升到59.58%，扩大后的城市实现了快速发展，但与此同时，也遇到了区域和结构性能源损耗与生态环境质量下降等问题。2021年能源消费达到52.4亿吨标准煤，较1980年提高了近9倍，其中尤以对煤炭的依赖最为典型，占比接近60%。此外，与国际上激烈的能源科技竞争相比，我国在能源科技革命和产业变革方面仍存在技术短板，亟须在引进先进技术的基础上，提高能源科技创新实力，解决技术短板问题。

（二）环境污染

1. 水污染

水资源的环境污染问题既制约着经济的可持续发展，也严重威胁着人民的正常生产和生活，已成为全球亟待解决的问题之一。随着城市发展进程的逐渐加快，水资源总量逐渐减少、污染日渐加剧，主要涉及工业用水污染、农业用水污染和生活用水污染等方面。其中，工业用水污染多为未经处理的废水、污水直接排入河流，大量化学元素的蔓延引发河流、湖泊的富营养化。农业用水污染多为化肥、农药的过量使用导致的水资源浪费和污染。生活中的水污染多涉及有害化学物质的大量排放，导致水资源使用价值降低、水质逐渐恶化。

2. 空气污染

空气污染及其对公众健康的影响已成为全球关注的热点政策问题[34]。2020 年，世界卫生组织估计，现在每年有近 700 万人死于空气污染。改革开放以来，我国经济飞速发展，工业化和城市化进程迅速加快。与此同时，我国已成为污染最严重的国家之一，二氧化硫（SO_2）和颗粒物（PM）水平较高[35]。根据《中国环境发展报告》，空气污染是多种疾病的原因之一，与空气污染有关疾病的发病率正在上升。空气污染导致的环境质量恶化和公众健康危害正成为制约经济和社会可持续发展的重要因素，迫切需要政府研究大气环境政策（AEP）如何有效地控制空气污染，并进一步提高公众健康水平。

3. 土壤污染

在过去的 40 多年里，由于工业化的加速，我国经济的发展虽提高了生产力，但同时也对生态环境造成了负面影响，特别是土壤污染日益严重，污染面积高达 100 万平方公里，已经成为严重的环境问题[36-37]。重金属等污染物对作物质量的不利影响威胁着人类健康[38]。原国家环境保护总局（2006 年）的土壤污染评估结论为：我国面临"严重"的土壤污染，危害生态安全、食品安全、人民健康和农业可持续发展。据估计，全国每年有1200万吨粮食被进入土壤的重金属污染。例如，我国镉（Cd）的中位数浓度高于国家土壤背景值（0.097毫克/千克），其中华南地区，如云贵高原和长江南部地区的土壤镉浓度高于其他地区[39]。在铅（Pb）浓度方面，2000年以后农业土壤铅平均浓度呈缓慢上升趋势。2006—2010年，我国铅浓度达到峰值（90.58毫克/千克），除华南地区外，平均铅浓度均低于我国土壤环境质量标准（GB15618—2018）的风险控制值（500毫克/千克）和风险筛查值（90毫克/千克）[40]。因此，与土壤等自然资源相关的粮食安全必须得到高度重视。

（三）生态安全受到威胁

生态安全主要侧重于维持健康的生态系统和提供安全的环境服务，这要求生态系统必须保持最低限度的基本结构、复原力和可持续性水平。生态安全作为人类社会可持续发展的重要组成部分，正面临着多方面的威胁和挑战，这些威胁涉及生态系统健康、生物多样性、资源可持续利用等方面，共同影响着人类的福祉和未来。

1. 气候变化不断加剧

气候变化引发的极端气候事件，如强烈的风暴、持续的暴雨和长期的干旱，对生态系统的稳定性和适应能力构成严重威胁。这些事件不仅直接影响生态系统的结构和功能，还会导致生物多样性丧失、栖息地破坏、生态系统服务减少等一系列连锁反应。例如，暴雨可能引发洪水，导致土壤侵蚀和水土流失，影响农田和水体的质量，削弱土地的生产力，减少生态系统所能提供的资源和服务。

2. 资源过度开发

资源的过度开发和不可持续利用使得资源的供应逐渐减少，可能导致资源的耗竭，进而影响到经济增长和社会发展。例如，水资源的过度抽取导致地下水位下降，影响农业灌溉和城市供水。土地的过度耕种和开发导致土壤质量下降，限制了农田的生产力。资源的耗竭可能引发社会不稳定和资源竞争，从而对生态系统的稳定性产生负面影响。

3. 环境污染加剧

环境污染严重损害了生态系统的健康和功能。空气污染导致植物叶片受损，影响光合作用和生长，降低生态系统的生产力。水体污染破坏了水生态系统的平衡，影响水生生物的繁殖和生存。土壤污染降低了土壤的肥力，影响农业产量。环境污染还对人类健康产生威胁，增加了疾病的发病率，进而影响社会的稳定性。

4. 生态系统脆弱性增加

生态系统脆弱性的增加意味着生态系统对外界压力的抵抗力降低，难以适应变化。土地退化、水资源短缺等问题使得生态系统无法有效恢复，从而影响其提供生态服务的能力。这不仅影响了农业、饮水和自然灾害的缓冲能力，还可能加剧环境变化。

可持续发展理论在资源与环境研究中扮演着关键角色，它为实现资源的合理利用、环境的保护以及社会的持续发展提供了指导和框架。可持续发展理论强调经济、社会和环境三个维度的平衡。在资源开发和环境保护中，它可以提醒决策者综合考虑各个层面的利益，避免牺牲一个领域的发展以满足另一个领域的需求。可持续发展理论强调长期规划，不仅满足当前需求，还要确保未来世代能够继续享有资源。这在资源利用和环境保护决策中，能够避免过度开发和短视行为。可持续发展理论要求资源的合理利用，避免资源的浪费和过度开采。它鼓励循环经济、能源高效利用等方法，以延长资源的可持续性。可持续发展理论注重环境的保护，要求在资源开发过程中减少环境破坏，并在必要时进行环境恢复。它鼓励减少污染、保护生态系统，确保生态环境的健康。可持续发展理论强调社会的公平和参与。在资源与环境决策中，它鼓励公众参与，确保资源利益在不同社会群体之间平等分配。

第二节 生态系统服务与生态安全

一、生态系统服务的权衡与协同

生态系统是生物圈的基本组成单元，人类的生存与发展离不开生物圈及生态系统提供的各项服务。从本质上讲，生物圈就是地球生命过程的产物[41-42]。生态系统服务是指人类从生态系统中获得的各种收益，是人类赖以生存的自然物质条件[4]，对人类健康生存及区域生态可持续发展至关重要[43]。人们过去错误地认为生态资源是取之不尽、用之不竭的，但随着社会经济的不断发展，人口规模扩大、城市化进程不断加快，对自然资源的过度开发导致生态环境遭到严重破坏，生态系统服务在全球范围内经历了严重下降，并预计在未来几十年将持续减少[44-45]。"千年生态系统评估计划"（Millennium Ecosystem Assessment，MA）[46]指出全球60%以上的生态系统服务正处于退化状态，该计划将全球生态系统服务的研究推向了高潮。之后，"生物多样性和生态系统服务政府间科学—政策平台"（Intergovernmental Science-Policy Platform on Biodiversity and Ecosystem Services，IPBES)[47]以及"生态系统与生物多样性经济学"（The Economics of Ecosystems and Biodiversity，TEEB)[48]均将生态系统服务的量化及评估作为重要内容，生态系统服务研究已成为当前多学科关注的前沿问题。

生态系统服务类型多样性和空间差异性及人类需求的选择性和复杂性，使生态系统服务之间形成一种相互联系、相互影响的复杂整体。生态系统服务关系具有双面性，一种服务的变化会对另一种服务造成正面或负面的影响，即某种服务的增加可能导致另一种服务的增加或减少[49]，具体表现为此消彼长的权衡关系和相互增益的协同关系[50]。前者指一种服务供给能力的提高会导致其他服务供给能力下降的情形，服务间表现为此消彼长的竞争关系；后者指两种或两种以上的生态系统服务同时增加或者减少的情形，表现为共同增益的关系[51-52]。Lester等对不同服务间的相互作用关系进行了总结，认为生态系统服务权衡关系有六种表现形式：独立权衡、直线权衡、凸曲线权衡、凹曲线权衡、非单调凹权衡以及反"S"形权衡[53]。

现阶段，我国正处于转型发展升级时期，由此导致的国土空间功能冲突和生态功能退化问题日益严重[54]。党的十九大报告中，习近平总书记指出：建设生态文明是中华民族永续发展的千年大计，要大力推进生态文明建设、加大生态系统保护力度、建设生态保护工程、提高森林覆盖率。可见，在资源趋紧、环境污染频发的大背景下，我国对于推进生态文明建设的举措不断升级。因此，对区域内的生态系统服务价值进行定性、定量评估，解析用地转型引起的生态系统服务价值空间格局变化，是合理高效配置资源的基础[55]，对优化区域资源格局、促进社会经济和环境协调发展具有重要的意义。

2019年，"黄河流域生态保护和高质量发展"上升为国家战略，为以流域为单元的上游、中游、下游联动发展提供了国家层面的战略契机[56-58]。与黄河上游、中游地区不同，下游的平原地区耕作历史最为悠久，属于传统的农耕区，是黄河流域经济发展较快、人类活动对环境影响较大的典型地区之一，在气候变化和人类活动的综合影响下，自然资源格局发生了剧烈变化。因此，下游的水患问题本质为整个中下游流域涉及人与自然资源相互协调等方面的生态安全问题，其中的景观格局与生态系统服务功能的时空转变影响着生态系统服务及其关系的发展，被认为是影响该问题的重要因素[59-60]。

河南省作为我国的农业大省和黄河下游的典型农作区，耕地面积广阔，对于国家粮食安全的意义举足轻重。在快速城镇化、工业化、农业现代化的背景下，建设用地扩张、水资源短缺以及城乡居民土地需求多样化等对区域生态安全提出了挑战。近年来，河南省土地资源退化、水资源利用不协调、水土流失加剧、生物多样性减少[61-63]等问题日益突出。因此，深入分析河南省生态系统服务时空格局，探讨其生态系统服务权衡与协同关系，对于实现该省社会经济发展与黄河流域生态文明建设"双赢"发展具有重要意义。

二、生态安全的科学内涵与架构

当前，地球生态安全正面临严峻挑战。随着科学技术、社会经济、人口增长和人类对自然资源的开发，区域甚至全球环境的压力不断增加。全球变暖、区域环境恶化、生物多样性急剧下降已成为人类社会面临的重大问题。保护环境、节约资源，人类社会的协调和可持续发展已成为当务之急[64-65]。因此，生态安全的概念在世界范围内引起了广泛关注，生态安全评价也成为资源环境的研究热点[66]。自1941年"土地健康"概念提出以来，生态安全评估已经从有毒物质风险评估[67-68]和国家安全问题[69]发展到小区域和单个地点的综合风险评估[70]以及可持续资源开发、环境和生态系统服务研究[71]。

生态安全有广义和狭义之分，国际应用系统分析研究所将广义的生态安全定义为：人们生产、生活、必要资源以及适应环境变化能力等方面不受外界其他因素威胁的状态。可分为社会生态安全、经济生态安全和自然生态安全三类。狭义的生态安全多指生态系统的安全，用来反映生态系统的健康水平[68]。随着人类活动日趋多样化，现阶段的生态安全多强调以人类为主体，以保证人类生态安全为核心的"共赢"局面，其科学体系架构如图2-1所示[72]。

有关生态安全的研究具有三个典型特征[73]：研究对象多集中在生态脆弱地区，且具有针对性；研究多基于人类活动的影响产生；研究的评价标准受主、客观影响较大，如不同地区或不同时间其标准可能不同。

近年来，社会、政治、经济等自然资源减少导致的生态安全问题引起了广泛关注，大家普遍认为构建生态安全格局是解决生态安全问题的

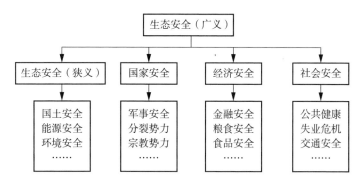

图 2-1 生态安全的科学体系架构

有效途径。转变生态安全模式的新思路对于解决土地资源浪费、缓解人口与自然之间的冲突、保护特定区域非常重要[74]。构建生态安全格局的目的是恢复由景观要素和景观连通性组成的关键生态网络，提高生态过程的有效调控[75]。可见，生态安全格局是保障区域生态安全、缓解生态保护需求与经济增长矛盾的重要空间途径。为了更好地体现人的主观能动性，本书将生态安全定义为生态系统的健康和完整性，是人类生态环境保持稳定和可持续的一种状态。

随着我国社会经济的快速发展，我国的综合实力和人民生活质量显著提高。但是，以往以牺牲自然环境为代价促进社会经济发展的传统模式给自然环境带来了巨大的压力和破坏，产生了一系列生态环境问题，严重威胁着生态安全[76]。特别是高强度的土地开发和快速城市化导致的土地利用模式的快速转变，对原本脆弱的生态环境产生了负面影响。例如，现阶段城市作为人类活动最密集、地表变化最强烈的地域单元，其加速蔓延造成的景观破碎化和重构，严重削弱了生态系统服务的提供，生态安全问题尤为突出[77]。其中，生态安全格局的构建最为重要[78]。

生态安全格局构建涉及多个学科领域，包括生态学、地理信息系统（GIS）、环境经济学等，其主要理论包括生态系统服务理论、景观生态学理论、自然资本理论、生态脆弱性理论等。生态系统服务理论关注生态系统为人类提供的各种服务和利益，如水源涵养、土壤保持、气候调节等。在这个理论指导下的生态安全格局构建要确保各种生态系统服务得到维护和恢复。景观生态学理论研究景观格局、过程和功能，以及它们与生态系统的相互作用。在生态安全格局构建中，景观生态学理论可以帮助划分不同的生态功能区，优化景观格局，从而提高生态系统的稳定性和抗干扰能力。自然资本理论将自然环境视为人类社会的资本资源，强调人类社会对自然资源的依赖。在生态安全格局构建中，自然资本理论强调保护和可持续利用自然资本，确保其在生态系统中的重要作用。生态脆弱性理论研究生态系统面临外部压力时的弹性和适应能力。在生态安全格局构建中，了解不同区域的生态脆弱性，可以有针对性地采取保护和恢复措施。

生态系统服务与生态安全之间，有着密切的关系，生态系统服务对生态安全具有重要影响和助力作用。首先，生态系统服务通过维持生态平衡、减缓环境灾害、保障资源供给等方式，直接增强了生态安全的稳定性和弹性。例如，湿地和森林等生态系统可以提供自然的防护屏障，降低洪水、风暴等极端事件带来的灾害风险，从而增强了区域的生态安全。其次，通过分析景观格局变化，评价景观生态安全，从而构建和分析生态安全格局，以识别和保护关键的生态系统，确保生态系统服务的可持续性，推动可持续发展。另外，生态系统服务和生态安全之间的关系是相互促进和互利共赢的。保护和恢复生态系统有助于提供更多的生态系统服务，从而增强了人类社会的生态安全。同时，保障生态安全也可以维护生态系统的稳定，从而确保其能够持续地提供服务。总之，生态系统服务在生态安全中发挥着不可或缺的作用。通过保障资源供给、维护环境质量和提供多样化的服务，生态系统服务直接增强了人类社会的生态安全。生态系统服务与生态安全之间的关系强调了可持续发展的重要性，要求人类在利用生态系统服务的同时保障生态系统的健康，以实现生态和人类共同繁荣的目标。

第三节　资源环境与生态安全

一、资源环境与生态安全的相互关系

在全球环境变化的背景下，面对国家和区域可持续发展需求的巨大挑战，各国政府应积极采取措施保护并改善维持人类赖以生存的资源环境，减少资源投入以改善环境质量。就一个国家的建设与发展而言，维持生态安全即保证资源环境处于不被破坏或很少被破坏的相对稳定的状态[79]，积极应对资源环境问题，将为国家的生态安全提供重要保障。当资源环境遭到破坏时，将威胁人类的生存空间并导致资源损失，甚至对社会文明建设造成毁灭性影响[80]。因此，营造良好的资源环境是保证社会经济长期稳定发展、维护国家生态安全的基础，资源环境的问题是与生态安全紧密相关的战略性问题。

资源环境问题始终是构建生态安全格局时不可避免的重要难题。当社会发展需求超出了资源环境可持续性边界后，生态安全将面临不断恶化局面，甚至濒临崩溃。在人类历史进程中，资源环境与生态安全之间的关系主要经历了三个阶段[79-80]。

原始文明阶段：二者处于利用与被利用的单向关系。该阶段的生态安全处于良性运转阶段。

农耕文明阶段：二者处于利用和改造交替作用的多向关系。随着社会生产力水平的提高，人类逐渐加深了对资源环境的改造，逐渐由依附资源环境向摆脱资源环境的方向转变，但整体未超过资源环境可承载的水平。该阶段的生态安全处于由良性向微良性的转变（该阶段的生态安全可依据自身条件自行恢复）。

工业文明阶段：二者由利用与被利用关系转向了征服与被征服的关系。随着"机器时代"的到来，人们对资源环境的认识理念也发生了根本性的改变，肆意对资源环境进行开发和改造，并创造了"物质文明"。该阶段的生态安全处于不断恶化阶段。

二、资源环境与生态安全形势

随着传统的国家安全观念扩大到涵盖环境和人的问题，关于资源环境问题的综合社会—生态方面的观点便越来越具有影响力[81]。现代社会经济的快速发展和人口的增加加剧了人地矛盾，人类社会活动对生态环境的压力越来越大，由环境退化和生态破坏造成的生态环境灾害为人类敲响了警钟。臭氧层破坏[82]、海平面上升[83]、环境污染、生物多样性减少[84]等问题引起了人类的高度关注。为此，各国政府应积极推行新的生态环境保护措施，加大对生态安全事业的投入，努力落实可持续发展理念[85]。

全球化浪潮的加剧，也使我国经历了广泛的经济发展和城市化，由此导致生态环境逐渐呈现恶化的趋势[86]。自然资源的损失和退化以及由此造成的环境污染对人类健康产生了极为不利的影响，由此造成的生态破坏、城市化以及工农业过度开发导致的"三废"污染等环境问题，具体表现为荒漠化、水土流失、森林和草地资源减少、生物多样性下降等。鉴于我国先天的资源劣势以及人类行为的无节制浪费等，社会发展受到资源环境的严重制约。下面讨论的五种资源环境驱动现状（该现象并非我国独有），对许多地方的生态安全具有普遍影响。

（一）粮食安全

我国经历了快速的社会和经济发展，成为世界第二大经济体，由此带来的需求增长超过了供应增长，导致我国面临严峻的粮食安全挑战。2000—2018 年，我国国内作物产量增长了 44%。据估计，随着粮食需求的不断增长，对畜产品的需求在 2020—2050 年将通过 300 万～1200万公顷的额外牧场来满足[87]。除此之外，华北平原不可持续的地下水抽取以及无法控制的土壤污染也是导致粮食不安全的主要因素。

（二）水资源

到 2030 年，我国总需水量预计将超过供水量的 25%[88-89]，导致该现象的原因是城市发展和工业用水需求增加、农业用水效率低下，以及中央政府的水管理规定与地方政府执行之间的巨大差距。此外，由于农村地区的水质监测薄弱，以及城市地下水质量法律的缺失，尽管中央政府在灌溉基础设施方面投入了大量资金以提高农业产量，但由于城市和工业部门的竞争日益激烈，我国迫在眉睫的水资源短缺仍然严重制约着粮食生产。

（三）能源安全

保证能源的持续供应和合理成本是任何一个国家维持能源安全的关键。根据《世界能源展望》（2021 年）的数据，能源产业的排放量占总排放量的近 3/4，这些排放已经使全球平均温度自前工业时代以来上升了 1.1 摄氏度，且我国在 2020 年是全球最大的最终能源消费国，所占份额为 23.74%[90]。现阶段，我国正处于能源转型的关键时期，能源的供应、需求和成本均发生着巨大变化。据估计，2013—2030 年，我国电力需求将超过美国和日本的消费总和[91]。为了满足需求，我国政府正在扩大所有能源部门的生产。2021 年，煤炭占我国一次能源消费结构的 56%，尽管较往年的使用量增长在逐渐放缓，使用效率也在提高，但新增化石燃料总产能仍高于所有其他能源的总和，且将在 2030 年之前保持主导地位[92]。

（四）生态系统退化

当前，我国的生物物种和生态系统呈持续衰减和退化趋势，许多陆地生态系统的栖息地在大规模丧失[93]。尽管国家已经大规模实施植树造林举措，但仍有数据表明由非本地物种组成的人工林占比高达 71%[81]。尽管森林面积在不断扩大，但景观破碎化却在加剧，生态功能逐渐下降[94]。此外，湿地和潮间地带生态系统的范围也在不断减少[95]，沿海污染也在不断增加。我国的生态环境退化正在减少着人们所需的生态系统服务。

（五）城市化

改革开放40多年来，我国城镇化是世界上规模最大、速度最快的，城市化成就举世瞩目。国家统计局数据显示，1978—2021年，我国城市化率从17.92%上升到64.72%，其在带来经济繁荣的同时，也带来了资源能源消耗高、生态环境恶化等问题[96]。我国传统的城市化形式主要由政府主导，以人口和产业集聚为特征，单纯追求城镇数量和规模的增加而忽视了城市化的质量。这种由土地财政和工业化驱动的快速城市化模式导致土地利用效率低下、空间分布不合理、环境破坏严重等问题，尤其是在生态安全方面。此外，随着进城务工人员的增加，受限于户籍制度，很有可能影响可持续的城市化发展。

综合以上五个资源环境演变领域可知，随着全球变化的不断加剧，生态安全已成为世界各国研究和实践的热点之一，恢复退化的自然生态系统及其可持续生态系统服务也已成为世界关注的焦点。要解决生态安全问题，必须减少对技术解决方案的依赖，应该制定适应的管理改革方案，以解决机构能力低下问题以及缩小政策与执行之间的差距。党的十八大报告已将生态文明纳入社会主义事业的总体布局，提升了生态文明的战略地位，表明生态安全已成为可持续发展战略领域的热点。

参考文献

［1］UN. World urbanization prospects – population division – United Nations［EB/OL］. 2019. https：// popul ation. un. org/ wup/ Downl oad/.

［2］XU P，HUSSAIN M，YE C G，et al. Natural resources, economic policies, energy structure, and ecological footprints' nexus in emerging seven countries［J］. Resources Policy，2022（77）：102747.

［3］蔡运龙. 自然资源学原理［M］. 北京：科学出版社，2000.

［4］COSTANZA R，DE GROOT R，FARBER S，et al. The value of the world's ecosystem services and natural capital［J］. Ecological Economics，1997（387）：253-260.

［5］王庆礼，邓红兵. 略论自然资源的价值［J］. 中国人口·资源与环境，2001，11（2）：25-28.

［6］柯海玲，杜佩轩. 论资源与环境的关系［J］. 陕西地质，2004，22（1）：83-87.

［7］中共中央马克思恩格斯列宁斯大林著作编译局. 马克思恩格斯选集［M］. 北京：人民出版社，1995.

［8］蒙德尔. 经济学解说［M］. 胡代光，译. 北京：经济科学出版社，2000.

［9］黎兵，王寒梅，史玉金. 资源、环境、生态的关系探讨及对自然资源管理的建议［J］. 中国环境管理，2021（3）：121-125.

［10］黎祖交. 正确认识资源、环境、生态的关系：从学习十八大报告关于生态文明建设的论述谈起［J］. 绿色中国，2013（5）：46-51.

［11］MALTHUS T R. 人口原理［M］. 朱泱，胡企林，等，译. 北京：商务印书馆，2009.

［12］于贵瑞，张雪梅，赵东升，等. 区域资源环境承载力科学概念及其生态学基础的讨论［J］. 应用生态学报，2022，33（3）：577-590.

［13］PERMAN R，MA Y，MCGILVRAY J，et al. Natural resource and environmental economics［M］. New York：Pearson Education，2003.

［14］孙鸿烈，郑度，夏军，等. 专家笔谈：资源环境热点问题［J］. 自然资源学报，2018，33（6）：1092-1102.

［15］GLANTZ M H. Desertification：environmental degradation in and around arid lands ［M］. New York：CRC Press，2019.

［16］ LONERGAN S. The role of environmental degradation in population displacement ［J］. Environmental Change and Security Project Report，1998 （4）：5-15.

［17］ PARK C. The environment：principles and applications ［M］. New York：Routledge，2002.

［18］ NASA （National Aeronautics and Space Administration）. Global climate change：vital signs of the planet data ［EB/OL］. 2020. https：//climate. nasa. gov/ （Accessed：10. 12. 2021）.

［19］ WANG H M，HASHIMOTO S，MORIGUCHI Y，et al. Resource use in growing China：past trends，influence factors，and future demand ［J］. Journal of Industrial Ecology，2012，16 （4）：481-492.

［20］ ULUCAK R，BILGILI F. A reinvestigation of EKC model by ecological footprint measurement for high，middle and low income countries ［J］. Journal of Cleaner Production，2018 （188）：144-157.

［21］ ZAFAR M W，ZAIDI S A H，KHAN N R，et al. The impact of natural resources，human capital，and foreign direct investment on the ecological footprint：the case of the United States ［J］. Resources Policy，2019 （63）：101428.

［22］ WU R，GENG Y，LIU W J. Trends of natural resource footprints in the BRIC （Brazil，Russia，India and China） countries ［J］. Journal of Cleaner Production，2017 （142）：775-782.

［23］ CAGLAR A E，YAVUZ E，MERT M，et al. The ecological footprint facing asymmetric natural resources challenges：evidence from the USA ［J］. Environmental Science and Pollution Research，2022 （29）：10521-10534.

［24］ UDDIN G A，SALAHUDDIN M，ALAM K，et al. Ecological footprint and real income：panel data evidence from the 27 highest emitting countries［J］. Ecological Indicators，2017（77）：166-175.

［25］ARROW K，BOLIN B，COSTANZA R，et al. Economic growth，carrying capacity，and the environment［J］. Ecological Economics，1995，15（2）：91-95.

［26］United Nations. World economic and social survey 2017，reflecting on seventy years of development policy analysis［M］. New York：Department of Economic and Social Affairs，2017.

［27］BRINGEZU S，SCHÜTZ H，STEGER S，et al. International comparison of resource use and its relation to economic growth：the development of total material requirement，direct material inputs and hidden flows and the structure of TMR［J］. Ecological Economics，2004，51（1/2）：97-124.

［28］LU Z. Striving for better environmental protection plan by controlling resource use as its breach［J］. Research of Environmental Sciences，2005，18（6）：1-6.

［29］KRAUSMANN F，GINGRICH S，EISENMENGER N，et al. Growth in global materials use，GDP and population during the 20th century［J］. Ecological Economics，2009，68（10）：2696-2705.

［30］ALLAN A，SOLTANI A，ABDI M H，et al. Driving forces behind land use and land cover change：a systematic and bibliometric review［J］. Land，2022（11）：1222.

［31］李悦. 基于我国资源环境问题区域差异的生态文明评价指标体系研究［D］. 武汉：中国地质大学，2015.

［32］FERDAUS J，APPIAH B K，MAJUMDER S C，et al. A panel dynamic analysis on energy consumption，energy prices and economic growth in next 11 countries［J］. International Journal of Energy Economics and Policy，2020，10（6）：87-99.

[33] JIANG M H, AN H Z, GAO X Y, et al. Consumption-based multi-objective optimization model for minimizing energy consumption: a case study of China [J]. Energy, 2020 (208): 118384.

[34] LIU J Y, WOODWARD R T, ZHANG Y J. Has carbon emissions trading reduced PM2.5 in China? [J]. Environmental Science & Technology, 2021, 55 (10): 6631-6643.

[35] LIU M D, SHADBEGIAN R, ZHANG B. Does environmental regulation affect labor demand in China? Evidence from the textile printing and dyeing industry [J]. Journal of Environmental Economics and Management, 2017 (86): 277-294.

[36] 陈能场, 郑煜基, 何晓峰, 等. 《全国土壤污染状况调查公报》探析 [J]. 农业环境科学学报, 2017, 36 (9): 1689-1692.

[37] YANG H, HUANG X J, THOMPSON J R, et al. Soil pollution: urban brownfields [J]. Science, 2014, 344 (6185): 691-692.

[38] QIN G W, NIU Z D, YU J D, et al. Soil heavy metal pollution and food safety in China: effects, sources and removing technology [J]. Chemosphere, 2021 (267): 129205.

[39] SHI T R, ZHANG Y Y, GONG Y W, et al. Status of cadmium accumulation in agricultural soils across China (1975-2016): from temporal and spatial variations to risk assessment [J]. Chemosphere, 2019 (230): 136-143.

[40] SHI T R, MA J, ZHANG Y Y, et al. Status of lead accumulation in agricultural soils across China (1979 - 2016) [J]. Environment International, 2019 (129): 35-41.

[41] 李文华, 张彪, 谢高地. 中国生态系统服务研究的回顾与展望 [J]. 自然资源学报, 2009, 24 (1): 1-10.

[42] COLMAM D R, POUDEL S, STAMPS B W, et al. The deep,

hot biosphere: twenty-five years of retrospection [J]. Proceedings of the National Academy of Sciences of the United States of America, 2017, 114 (27): 6895-6903.

[43] WU J G. Landscape sustainability science: ecosystem services and human well-being in changing landscapes [J]. Landscape Ecology, 2013, 28 (6): 999-1023.

[44] DI SABATINO A, COSCIEME L, VIGNINI P, et al. Scale and ecological dependence of ecosystem services evaluation: spatial extension and economic value of freshwater ecosystems in Italy [J]. Ecological Indicators, 2013, 32 (9): 259-263.

[45] CHEN W, CHI G, LI J. The spatial association of ecosystem services with land use and land cover change at the county level in China, 1995-2015 [J]. Science of the Total Environment, 2019 (669): 459-470.

[46] Millennium Ecosystem Assessment (MA). Ecosystems and human well-being: synthesis [M]. Washington, DC: Island Press, 2005.

[47] DÍAZ S, DEMISSEW S, CARABIAS J, et al. The IPBES conceptual framework-connecting nature and people [J]. Current Opinion in Environmental Sustainability, 2015 (14): 1-16.

[48] The Economics of Ecosystems and Biodiversity. The Economics of Ecosystems and Biodiversity for water and wetlands [M]. IEEP, London and Brussels; Ramsar Secretariat, Gland, 2013.

[49] 龙精华. 鹤岗矿区生态系统服务评估与权衡研究 [D]. 北京: 中国矿业大学, 2017.

[50] YANG G, GE Y, XUE H, et al. Using ecosystem service bundles to detect trade-offs and synergies across urban—rural complexes [J]. Landscape & Urban Planning, 2015 (136): 110-121.

[51] BARAL H, KEENAN R J, SHARMA S K. Economic evaluation

of ecosystem goods and services under different landscape management scenarios [J]. Land Use Policy, 2014 (39): 54-64.

[52] 戴尔阜, 王晓莉, 朱建佳, 等. 生态系统服务权衡: 方法、模型与研究框架 [J]. 地理研究, 2016, 35 (6): 1005-1016.

[53] LESTER S E, COSTELLO C, HALPERN B S, et al. Evaluating trade-offs among ecosystem services to inform marine spatial planning [J]. Marine Policy, 2013 (38): 80-89.

[54] 刘纪远, 匡文慧, 张增祥, 等. 20 世纪 80 年代末以来中国土地利用变化的基本特征与空间格局 [J]. 地理学报, 2014, 69 (1): 3-14.

[55] 刘桂林, 张落成, 张倩. 长三角地区土地利用时空变化对生态系统服务价值的影响 [J]. 生态学报, 2014, 34 (12): 3311-3319.

[56] 陆大道, 孙东琪. 黄河流域的综合治理与可持续发展 [J]. 地理学报, 2019, 74 (12): 2431-2436.

[57] 徐勇, 王传胜. 黄河流域生态保护和高质量发展: 框架、路径与对策 [J]. 中国科学院院刊, 2020, 35 (7): 875-883.

[58] 于法稳, 方兰. 黄河流域生态保护和高质量发展的若干问题 [J]. 中国软科学, 2020 (6): 85-95.

[59] 叶青超. 黄河流域环境演变与水沙运行规律研究 [M]. 济南: 山东科技出版社, 1994.

[60] BAI Y, ZHENG H, OUYANG Z Y, et al. Modeling hydrological ecosystem services and trade offs: a case study in Baiyangdian watershed, China [J]. Environmental Earth Sciences, 2013, 70 (2): 709-718.

[61] 张鹏岩, 耿文亮, 杨丹, 等. 黄河下游地区土地利用和生态系统服务价值的时空演变 [J]. 农业工程学报, 2020, 387 (11): 277-288.

[62] 翟秀娟. 鲁中南山区土壤侵蚀评价研究 [D]. 济南: 山东师范大学, 2018.

［63］刘绿怡，丁圣彦，任嘉衍，等．景观空间异质性对地表水质服务的影响研究：以河南省伊河流域为例［J］．地理研究，2019，38（6）：1527-1541.

［64］MYERS N. The environmental dimension to security issues［J］. Environmentalist，1986，6（4）：251-257.

［65］SAIER M H，TREVORS J T. Global security in the 21st century［J］. Water，Air and Soil Pollution，2010（205）：45-46.

［66］PAN N，DU Q，GUAN Q，et al. Ecological security assessment and pattern construction in arid and semi-arid areas：a case study of the Hexi Region［J］. Ecological Indicators，2022（138）：108797.

［67］NORTON R C B G，FABER M，RAPPORT D. Ecosystem health：new goals for environmental management［M］. Island Press，1992.

［68］肖笃宁，陈文波，郭福良．论生态安全的基本概念和研究内容［J］．应用生态学报，2002（3）：354-358.

［69］CHRISTENSEN N L，BARTUSKA A M，BROWN J H，et al. The report of the Ecological Society of America Committee on the scientific basis for ecosystem management［J］. Ecological Applications，1996，6（3）：665-691.

［70］REID W V，MOONEY H A，CROPPER A，et al. Ecosystems and human well-being-synthesis：a report of the millennium ecosystem assessment［M］. Island Press，2005.

［71］BLAIKIE P. Epilogue：towards a future for political ecology that works［J］. Geoforum，2008，39（2）：765-772.

［72］肖剑鸣，张川．"生态"安全的科学内涵与构架［J］．犯罪研究，2010（4）：10-15.

［73］代云川，李迪强．生态屏障的内涵、评价体系、建设实践研究进展［J］．地理科学进展，2022，41（10）：1969-1978.

［74］陈昕，彭建，刘焱序，等．基于"重要性—敏感性—连通性"框架的云浮市生态安全格局构建［J］．地理研究，2017，36（3）：471-484．

［75］HUANG L，WANG D R，HE C L. Ecological security assessment and ecological pattern optimization for Lhasa city（Tibet）based on the minimum cumulative resistance model［J］. Environmental Science and Pollution Research，2022（29）：83437-83451.

［76］蒋艳灵，刘春腊，周长青，等．中国生态城市理论研究现状与实践问题思考［J］．地理研究，2015，34（12）：2222-2237．

［77］SU Y X，CHEN X Z，LIAO J H，et al. Modeling the optimal ecological security pattern for guiding the urban constructed land expansions［J］. Urban Forestry & Urban Greening，2016（19）：35-46.

［78］PENG J，PAN Y J，LIU Y X，et al. Linking ecological degradation risk to identify ecological security patterns in a rapidly urbanizing landscape［J］. Habitat International，2018（71）：110-124.

［79］张驰枫．资源环境问题与我国生态安全［J］．绿色环保建材，2018（6）：33-35．

［80］孙经国．资源环境问题与我国生态安全［J］．前线，2017（6）：33-37．

［81］GRUMBINE R E. Assessing environmental security in China［J］. Frontiers in Ecology and the Environment，2014，12（7）：403-411.

［82］STAEHELIN J，PETROPAVLOVSKIKH I，DE MAZIÈRE M，et al. The role and performance of ground-based networks in tracking the evolution of the ozone layer［J］. Comptes Rendus Geoscience，2018，350（7）：354-367.

［83］RODRIGUES F C G，GIANNINI P C F，FORNARI M，et al. Deglacial climate and relative sea level changes forced the shift from eolian sandsheets to dunefields in southern Brazilian coast [J].Geomorphology, 2020（365）：107252.

[84] TOLVANEN A, KANGAS K, TARVAINEN O, et al. The relationship between people's activities and values with the protection level and biodiversity [J]. Tourism Management, 2020（81）：104141.

[85] ZHANG S, ZHU D J. Have countries moved towards sustainable development or not? Definition, criteria, indicators and empirical analysis [J]. Journal of Cleaner Production, 2020（267）：121929.

[86] YANG Y, CAI Z X. Ecological security assessment of the Guanzhong Plain urban agglomeration based on an adapted ecological footprint model [J]. Journal of Cleaner Production, 2020（260）：120973.

[87] ZHAO H, CHANG J F, HAVLÍK P, et al. China's future food demand and its implications for trade and environment [J]. Nature Sustainability, 2021, 4（12）：1042-1051.

[88] ZHU W B, JIA S F, DEVINENI N, et al. Evaluating China's water security for food production：the role of rainfall and irrigation [J]. Geophysical Research Letters, 2019, 46（20）：11155-11166.

[89] YOUNG M, ESAU C. Charting out water future：economic frameworks to inform decision-making [M]. Investing in Water for a Green Economy. Routledge, 2015：67-79.

[90] IEA（International Energy Agency）. World energy outlook 2021 [R]. Paris, France：IEA, 2021.

[91] IEA（International Energy Agency）. World energy outlook 2012 [R]. Paris, France：IEA, 2012.

[92] PLUMER B. China installed record amounts of solar power in 2013, but coal is still winning [R]. Washington Post Wonkblog. Jan, 2014.

[93] LÜ Y H, FU B J, WEI W, et al. Major ecosystems in China：

dynamics and challenges for sustainable management [J]. Environmental Management, 2011 (48): 13-27.

[94] XU J C, GRUMBINE R E, BECKSCHÄFER P. Landscape transformation through the use of ecological and socioeconomic indicators in Xishuangbanna, Southwest China [J]. Ecological Indicators, 2014 (36): 749-756.

[95] MACKINNON J, VERKUIL Y I, MURRAY N. IUCN situation analysis on East and Southeast Asian intertidal habitats, with particular reference to the Yellow Sea (including the Bohai Sea) [J]. Occasional Paper of the IUCN Species Survival Commission, 2012 (47): 45.

[96] HAN F, XIE R, FANG J, et al. The effects of urban agglomeration economies on carbon emissions: evidence from Chinese cities [J]. Journal of Cleaner Production, 2018 (172): 1096-1110.

第三章

研究区概况

第一节　河南的基本概况

河南省位于中国中部，处于北纬 31°23′~36°22′与东经 110°21′~116°39′，总面积约 16.7 万平方公里，是中国人口最多的省份之一，地处黄河中下游，黄淮海平原西南部，且大部分地区位于黄河流域以南，故名为河南。河南省东接安徽、山东，北邻河北、山西，西连陕西，南邻湖北，地处我国第二级阶梯向第三级阶梯的过渡带，地理位置重要，是连接华北、华中和华南的重要交通枢纽。其地势呈现西高东低之势，西部以山地为主，东部以平原为主，全省最高峰为老鸦岔，海拔高度为2413.8 米。北面、南面、西面、东面有太行山、伏牛山、桐柏山、大别山四山环绕，其间有盆地，中部和东部是辽阔的黄淮海冲积平原，其中，平原和盆地面积约 9.3 万平方千米，占全省总面积的 55.7%；山地和丘陵面积约为 7.4 万平方千米，占全省总面积的 44.3%。河南省水系发达，区域内有黄河、淮河、海河和长江四大水系，100 平方千米以上的河流有 493 条，淮河流域面积为四大水系面积之最，占比为 53%。在气候方面，河南省属于温带季风气候和亚热带季风气候，总体气候比较温和，具有明显的过渡性特征，省内南北气候具有显著差异，山地平原气候也有所差异，但总体的气候特征为夏季高温多雨、冬季寒冷干燥。

河南省作为我国中部重要省份之一，拥有丰富多样的自然资源，这些资源在地理、经济和社会发展中扮演着重要角色。其主要自然资源包括煤炭、铁矿石、铝土矿、钼矿、石膏等矿产资源，以及水资源和农业资源。煤炭是河南省重要的能源资源，其分布广泛，尤其在郑州、安阳、焦作等地区。这些煤炭资源为能源供应和工业发展提供了坚实基础。铁矿石资源主要分布在新乡地区，为钢铁工业提供了重要的原材料，支持了制造业的发展。铝土矿是铝的主要原材料之一，河南省部分地区拥有丰富的铝土矿资源，为铝工业的发展提供了支持。钼矿资源在南阳地区集中，钼在冶金、电子工业等领域具有重要用途，这些资源的开发对于相关产业的发展至关重要。石膏是河南省的重要非金属矿产资源，广泛用于建筑、农业和化工等领域，支撑了不同产业的发展。河南省拥有黄河、汝河、淮河等重要河流，以及湖泊和水库，水资源是河南省的宝贵财富。这些水资源在农业灌溉、工业用水和生活用水中具有重要作用。河南省同时拥有广大的农田等农业资源，生产粮食、棉花、油料等农产品，为粮食安全和农业产业奠定了坚实基础。然而，自然资源的开发和利用需要平衡环境保护和可持续发展。在资源开发过程中，应采取科学的方法，以确保资源的可持续利用，同时减少对生态环境的不良影响。

第二节　河南自然资源的划分和类型

一、自然资源的定义

自然资源（natural resource）是人类赖以生存的物质基础，人类经济和社会的发展取决于对自然资源的不断利用，但人类对自然资源的认识也有一个由浅入深、从片面到逐渐全面的过程[1]。

　　自然资源是一个动态的概念，其含义会随着人类生产力水平的变化而变化，因此迄今为止自然资源并没有一个统一的定义。通常认为，自然资源包括有机界、无机界以及人类社会整个物质世界中的生产资料和生活资料（即生产和生活所必需的东西）的天然来源，如阳光、森林、矿物、水等。自然资源是指具有社会有效性和相对稀缺性的自然物质或自然环境的总称[2]。较早给自然资源下完备定义的是地理学家金梅曼（Zimmer Mann，1951），他在《世界资源与产业》一书中指出，无论是整个环境还是其某些部分，只要它们能（或被认为能）满足人类的需要，其就是自然资源[3]。萨乌式金（Y G Saushkin）认为自然资源是自然环境的各个要素，这些要素可以用作动力生产、食物和工业原料等[4]。另外，伊萨德（Walter Isard）在其《区域分析方法：区域科学概论》（1960）中认为，自然资源是人类用来满足自身需求和改善自身净福利的自然条件和原料。我国著名地理学家牛文元给自然资源下了如下定义：人在自然介质中可以认识的、可以萃取的、可以利用的一切要素及其组合体，包含这些要素相互作用的中间产物或最终产物，只要它们在生命建造、生命维系、生命延续中不可缺少，只要它们在社会系统中能带来合理的福祉、愉悦和文明，即可称之为自然资源[5]。《大英百科全书》对自然资源的定义是：人类可以利用的自然生成物，以及生成这些成分的源泉的环境功能。前者如土地、水、大气、岩石、矿物、生物及其群集的森林、草地、矿藏、陆地、海洋等；后者如太阳能、地球物理的环境机能（气象、海洋现象、水文地理现象），生态学的环境机能（植物的光合作用、生物的食物链、微生物的腐蚀分解作用等），地球化学的循环机能（地热现象、化石燃料、非金属矿物的生成作用等）。联合国环境规划署（United Nations Environment Programme，UNEP）将自然资源定义为：在一定时间、一定地点的条件下能够产生经济价值，以提高人类当前和将来福利的自然环境因素和条件的总称。[6]《辞海》中对自然资源的定义为：人类可直接从自然界获得，并用于生产和生活的物质资源，如土地、矿藏、气候、水利、生物、森林、海洋、太阳能等，其具有有限性、区域性和整体性的特点。[7]

本书认为《辞海》中对自然资源的定义是比较理想的。由此可见，自然资源应包括自然界一切能为人类所利用的自然物质和自然能源，是指在一定历史条件下能被人类开发利用，以提高自身福利水平和生存能力的，具有某种稀缺性的，受社会约束的各种自然环境要素的总称[8][2][9]。

二、河南自然资源总况

多样的地形和广泛的横纵跨度使河南省的自然资源总体规模较大，且种类齐全，具有很大的优势，但由于地处人口密集地区，自然资源的人均占有量少，且地区分布差异较大，在资源开发方面也存在不充分、不彻底的现象[10-12]。

分种类来看，河南省动植物资源丰富，现有省级以上森林公园129个，其中国家级森林公园有33个；全省已知陆生脊椎野生动物有520种，其中国家重点保护野生动物有156种。河南省是全国重要的矿产资源大省和矿业大省，矿业产值连续多年居全国前5位。全省已发现的矿种有144种，已查明资源储量的矿种有110种，已开发利用的矿种有93种。在已查明资源储量的矿产资源中，保有资源储量居首位的有9种，居前3位的有35种，居前5位的有46种，居前10位的有72种。全省共有云台山、嵩山、王屋山—黛眉山、伏牛山等世界地质公园4个，黄河、嶂峪山等国家地质公园15个，永城芒砀山等省级地质公园17个，南阳独山玉、新乡凤凰山、焦作缝山国家矿山公园3个，南阳恐龙蛋化石群等国家级自然保护区13个。黄河自西向东流经河南省700余公里，郑州至开封段由于泥沙淤积，河床平均高出两岸地面3~5米，形成"地上悬河"的独特自然景观。

三、河南自然资源划分与类型

由于自然资源的特殊性与相对性，其分类方法与标准繁多，至今没有形成统一意见[13-14]。传统的自然资源分类，通常根据自然资源在经济部门中的地位划分，例如农业资源、工业资源、服务性资源等（见表3-1）；也存在根据其地理位置和地貌类型划分的，例如陆地资源、海洋资源、自然风景资源等（见表3-2）。

表3-1 传统自然资源分类1

名称	类别
自然资源	农业资源
	工业资源
	服务性资源
	其他资源

表3-2 传统自然资源分类2

名称	类别
自然资源	陆地资源
	海洋资源
	自然风景资源
	其他资源

但目前人们更多根据自然资源固有特征与根本属性进行分类，而且逐渐由单一特征的分类转向多因素的综合分类。例如，基于自然资源经济属性将其分为耗竭性资源与非耗竭性资源两大类，耗竭性资源包括各种再生性资源和非可再生性资源，非耗竭性资源主要指恒定的环境资源，这与Haggett[15]的不可更新资源与可更新资源（又可进一步分为恒定性资源和临界性资源）的分类相似[16]。基于资源的限制性，又可将自然资源分为流量资源和存量资源两大类，流量资源如气候资源、生物

资源等，其是一直自主变化着的；而存量资源如矿产资源等，其在无人为干扰的情况下很少被消耗。基于河南省自然资源现实情况，其划分与类型如表3-3所示。

表3-3　自然资源划分与类型

名称	一级类别	二级类别	明细
自然资源	耗竭性资源	再生性资源	土地资源 生物资源 气候资源 水资源 太阳能
		非可再生性资源	矿产资源
	非耗竭性资源	恒定性资源	地球内能 潮汐能

其中，再生性资源是指能够通过自然力以某一增长率保持或增加蕴藏量的自然资源。对于再生性资源来说，主要是通过合理调控资源使用率，实现资源的持续利用，其持续利用主要受自然增长规律的制约[17]。非可再生性资源是指经人类开发利用后，在相当长的时期内不可能再生的自然资源，不可更新资源的形成、再生过程非常缓慢，也就是说，相对于人类历史而言，几乎不可再生[18]。

再生性资源包括土地资源、生物资源、气候资源、水资源、太阳能等，非可再生性资源则主要包括矿产资源。土地资源是指已经被人类所利用和可预见的未来能被利用的土地，既包括自然范畴，即土地的自然属性，也包括经济范畴，即土地的社会属性，是人类的生产资料和劳动对象[19]。生物资源是自然资源的有机组成部分，是指生物圈中对人类具有一定经济价值的动物、植物、微生物有机体，以及由它们组成的生物群落。经典的生物资源是指当前人类已知的有利用价值的生物材料。泛义而论，对人类具有直接、间接或具有潜在的经济、科研价值的生命有机体都可称为生物资源，包括基因、物种以及生态系统等[20]。气候资源通常是指光、热、水、风、大气成分等，为人类生产、生活必不可少的自然资源，可被人类直接或间接地利用，或在一定的技术和经济条件下为人类提供物质及能量，其又分为热量资源、光能资源、水分资源、风能资源和大气成分资源等。水资源是指地球上具有一定数量和可用质量能从自然界获得补充并可资利用的水，其应具有足够的数量和合适的质量，并满足某一地方在一段时间内具体利用的需求[21]。太阳能是指太阳辐射能，主要表现为太阳光线，广义上的太阳能还包括地球上的风能、化学能、水能等[22]。矿产资源是指经过地质成矿作用形成的，天然赋存于地壳内部或地表，埋藏于地下或露出地表，呈固态、液态或气态的，并具有开发利用价值的矿物或有用元素的集合体。

第三节 河南可再生资源的生态特征及保护对策

可再生资源亦称再生性资源，是指消耗以后可以在较短时间内再度恢复的资源，主要指土地资源、生物资源、气候资源、水资源及太阳能等。这些资源是人类生产和生活的物质基础，人类合理利用其所产生的消耗可以通过繁殖、施肥、太阳辐射和物质循环等过程不断再生出来，但如果对其开发利用不合理、不科学，使其消耗程度超过了再生能力，则会使这些资源数量减少、质量降低，甚至耗尽[23]。

一、土地资源

河南省位于黄河中下游，地形地貌多样，山地、平原、丘陵、河谷、盆地、滩涂、盐碱地差异明显；截至 2017 年底（见表 3-4），全省共有耕地 811.22 万公顷、园地 21.33 万公顷、林地 344.58 万公顷、草地 0.03 万公顷、城镇村及工矿用地 226.78 万公顷、交通运输用地 18.95 万公顷、水域及水利设施用地 18.70 万公顷、其他土地 88.40 万公顷[24]。

表 3-4　2017 年河南省土地资源调查情况　　　　单位：万公顷

耕地	园地	林地	草地	城镇村及工矿用地	交通运输用地	水域及水利设施用地	其他土地
811.22	21.33	344.58	0.03	226.78	18.95	18.70	88.40

2017 年，河南省因建设占用、灾毁、农业结构调整等原因减少耕地面积 2.79 万公顷（见表 3-5），通过土地整治、增减挂钩、工矿废弃地复垦、农业结构调整、其他补充等方式增加耕地面积 2.91 万公顷。

表 3-5　2017 年河南省耕地减少去向情况　　　　单位：万公顷

耕地减少去向	建设占用	灾毁	农业结构调整	其他原因	合计
面积/万公顷	2.46	0.00	0.27	0.06	2.79
比例/%	88.20	0.00	9.70	2.10	100.00

二、生物资源

河南省因南北气候不同、东西地势差异显著及横纵跨度大，其生物资源十分丰富，据有关学者研究统计[25]，全省植物种类约有 4200 种，其中树木有 400 余种，高等植物约有 197 科、3600 种，其中草本植物约占 2/3，木本植物约占 1/3。自然植物资源中主要用材树种有 15 种，木本油料树种有 7 种，淀粉植物树种有 5 种，药用植物有 800 多种。栽培植物资源中主要粮食作物有 7 种，经济作物有 7 种，果树资源有 20 余种。从地区来看，伏牛山南坡和豫南山地生长有马尾松、杉树、油茶树、桐树、乌桕树、漆树等多种亚热带林木；广大平原区则主要种植泡桐、毛白杨等优良用材树种；而低山丘陵与河岸滩地则有种类繁多的草木药用植物、纤维植物和油料作物等。

河南省各类陆栖脊椎动物共有 400 余种，占全国动物种类的 20%。其中，哺乳类有 60 余种，鸟类有 300 种，爬行类 35 种，两栖类有 23

种（见表3-6）。

表3-6 河南省陆栖脊椎动物情况 单位：种

陆栖脊椎动物	哺乳类	鸟类	爬行类	两栖类
400	60	300	35	23

在物种资源方面，据统计有脊椎动物520余种，其中哺乳类有50余种，鸟类有近300种，两栖类有40多种，爬行类有20余种，鱼类有100多种，被列入国家重点野生动物的有60余种；有维管植物195科、3600余种，约占全国总数的14%，木本植物有800种以上，约占全国总数的11%。河南省现存第一批国家保护植物有40种，分属于27科、37属，占全国总数的10.3%，其中蕨类植物有1种，裸子植物有6种，被子植物有33种；被定为濒危的有6种，渐危的有18种，稀有的有16种；按保护级别，被列为国家二级保护植物的有13种，三级保护植物的有27种[25]。

三、气候资源

河南处于北亚热带与暖温带的过渡地区，气候具有明显的过渡性特征。有关学者研究发现，河南省光照资源除个别山区不足2000小时外，其余均为2000~2408小时，能满足作物需要[26]；在热量资源中，大于0摄氏度的平均积温达4500~5600摄氏度/天，4300~5600摄氏度/天有80%的保证率，无霜期为190~230天；降水资源中，全年降水量大体在570~1120毫米，1—2月、11—12月降水较少，降水主要集中在7—8月。

四、水资源

2020年河南省年降水量874.3毫米，折合降水总量1447.3亿立方米，较2019年增加65.2%，降水量多年均值为771.1毫米。2020年河南省水资源总量为408.59亿立方米，其中地表水资源量为294.85亿立方米，地下水资源量为 189.37 亿立方米，重复计算量为 75.63 亿立方米（见表 3-7），水资源总量多年均值为 403.53 亿立方米；产水模数为 24.7 万立方米/平方千米，产水系数为 0.28。2020 年河南省入境水量为 521.72 亿立方米，出境水量为 679.05 亿立方米，出境水量比入境水量多 157.33 亿立方米。2020 年河南省总供水量为 237.14 亿立方米，其中地表水源供水量为 120.79 亿立方米，地下水源供水量为 105.77 亿立方米，集雨及其他非常规水源供水量为 10.58 亿立方米（见表 3-8）。按用水行业分类，农业用水为 123.45 亿立方米（其中农田灌溉用水量为 111.05 亿立方米），占总用水量的 52.0%；工业用水为 35.59 亿立方米，占 15.0%；生活用水为 43.12 亿立方米，占 18.2%；生态环境用水为 34.98 亿立方米，占 14.8%（见表 3-9）。2020 年河南省用水消耗总量为 134.92 亿立方米，占总用水量的 56.9%[27]。

表 3-7 2020 年河南省水资源情况 单位：亿立方米

水资源总量	地表水资源量	地下水资源量	重复计算量
408.59	294.85	189.37	75.63

表 3-8 2020 年河南省水资源供水情况 单位：亿立方米

总供水量	地表水源供水量	地下水源供水量	集雨及其他非常规水源供水量
237.14	120.79	105.77	10.58

表 3-9 2020 年河南省分行业用水情况

用水行业	用水量/亿立方米	用水占比/%
农业用水	123.45	52.0
工业用水	35.59	15.0
生活用水	43.12	18.2
生态环境用水	34.98	14.8

由于地域分配不均，加之人口较多等，河南省人均综合用水量较

少，仅为 239 立方米，低于全国平均水平，属于水资源贫乏地区[28-29]。万元 GDP（当年价）用水量为 30.5 立方米，农业灌溉亩均用水量为 165 立方米，万元工业增加值（当年价）用水量为 20.0 立方米（含火电），城镇综合生活人均用水为 158 升/天，农村居民生活人均用水为 71 升/天[27]。2020 年全省各辖市水资源情况见表 3-10。

表 3-10　2020 年全省各辖市水资源情况

省辖市	评价面积/平方米	多年平均降水量/毫米	多年平均水资源量/亿立方米				人口/万人（2015年底）	耕地/万亩（2014年底）	人均水资源量/立方米	亩均水资源量/立方米
			地表水	地下水	重复计算量	水资源总量				
郑州	7534	625.7	7.678	10.758	5.252	13.184	770	613.695	171	215
开封	6262	658.6	4.044	7.789	0.353	11.480	517	179.460	222	640
洛阳	15230	674.5	25.838	14.576	11.985	28.429	700	424.275	406	670
平顶山	7909	818.8	15.657	7.956	5.276	18.337	544	711.840	337	258
安阳	7354	595.2	8.332	6.969	2.266	13.035	582	292.770	224	445
鹤壁	2137	629.2	2.185	2.097	0.578	3.704	163	68.970	227	537
新乡	8249	611.6	7.521	11.091	3.732	14.88	607	264.990	245	562
焦作	4001	590.8	4.053	5.322	1.821	7.554	371	648.120	204	117
濮阳	4188	668.3	1.861	4.418	0.601	5.678	392	487.590	145	116
许昌	4978	698.9	4.19	6.190	1.581	8.799	490	621.450	180	142
漯河	2694	772	3.339	3.749	0.686	6.402	279	1058.670	229	60
三门峡	9937	675.5	15.53	7.074	6.411	16.193	229	506.130	707	320
南阳	26509	826.4	61.689	25.777	19.032	68.434	1183	480.240	578	1425
商丘	10700	723.3	7.705	12.895	0.791	19.809	909	284.445	218	696
信阳	18908	1105.4	81.687	29.481	22.612	88.556	870	1282.170	1018	691
周口	11958	752.4	12.712	16.918	3.169	26.461	1142	1423.425	232	186
驻马店	15095	896.6	36.279	21.154	7.945	49.488	905	1260.810	547	393
济源	1894	668.3	2.365	1.783	1.038	3.110	70	1580.040	444	204
全省	165537	771.1	302.665	195.998	95.131	403.532	10723	12189.090	376	331

注：评价面积为水资源评价专项采用数据；人口、耕地分别为 2015 年底、2014 年底河南省统计年鉴数据；省辖市包括省直管县数据。

五、太阳能

河南省年平均总辐射量在 107~124 千卡／（平方厘米·年），其突出特点为，从太行山前丘陵平原向南，到伏牛山东麓山前丘陵平原折向西南，到伏牛山南侧山地、南阳盆地西南部，形成一条东北西南向的年总辐射量低值带；在日照时数上，全省日照时数在 1953~2644 小时[30]。

可再生资源因其独特的优势，其重要性在资源紧张的今天不断被提高，但从能源层面来看，河南省能源结构仍然相对单一，传统矿产资源依旧占据主导地位，可再生资源比重较低[31-32]。在可再生资源的利用与保护过程中，要提高可再生资源在能源结构中的地位，扩大可再生资源的开发力度与规模，促进资源全面协调发展。另外，我们还应注意到可再生资源并不是无条件地可再生，应该控制索取开发资源的力度，合理科学开发，保证资源质量与数量。

第四节　河南不可再生资源的生态特征与利用保护

人类开发利用资源后，在现阶段不可能再生的自然资源即不可更新资源。不可更新资源是与可更新资源相对的概念，主要指经过漫长的地质年代形成的矿产资源，包括金属矿产和非金属矿产[18]。

河南省是全国有色金属矿产较丰富的省份之一，现已探明的有铝、钼、铅、锌、钴、钒、钨、锑、金、银等 10 多种，有石灰石、萤石、珍珠岩、石墨、宝石、大理石等辅助原料矿，有煤炭、石油、天然气等能源，尤以铝、钼、金、银最多。铝土矿储量丰富，产地有 20 多处，其中以大型矿居多，仅次于山西省、贵州省，居全国第 3 位，而工业储量则为全国之冠。河南省有色金属矿藏的特点是储量大、质量好，同时分布比较集中，且多共生矿体，综合开采价值较高。另外，有色金属集中的豫西山地又是全省煤炭资源、水力资源和各种冶炼辅助材料丰富的地区，有很好的开采和冶炼条件。铝的开采和冶炼是河南省有色金属工业中最主要的内容。铝是目前世界上仅次于钢铁的第二大金属，消费量大约每10年就要翻一番。河南省铝土矿资源总量约为14亿吨，其探明储量占全国总储量的17%左右。河南省钼矿累计查明资源储量为500多万吨，占全国总储量的30%左右。钼的采掘和冶炼潜力很大。钼是一种高熔点金属和合金钢元素，具有高硬度、耐高湿、耐腐蚀的特点。铜的采掘和加工与钼相反，其在河南省分布虽较少但加工能力较大。南阳北部地区的西峡、内乡、镇平至桐柏一带虽有铜矿分布，但储量有限，桐柏山区是河南省唯一的铜金属产地。金、银等贵金属矿也是河南省的优势资源。河南省金矿分布以小秦岭、外方山、洛阳嵩县、桐柏山（预测该区金矿找矿可达100多吨、银5000吨）等为主，规模大、品位高，是全国黄金的重要生产基地。银矿主要分布在豫南和豫西，桐柏山区的银矿是我国四大银矿中储量最大、品位最高的大型矿藏。河南省煤炭资源丰富，煤田分布带明显，是我国重要的产煤省份。截至2019年，河南省煤炭保有量排名全国第6位，主要分布于豫北、豫西和豫东地区。具体见表3-11和表3-12。

表3-11　河南省主要矿产资源及其分布情况

矿种	主要分布地区
煤矿	平顶山、义马、郑州、焦作、鹤壁、永城
金矿	豫西小秦岭、豫西南桐柏山区
银矿	豫西和豫南，其中桐柏山区储量最大
铜矿	西峡、内乡、镇平、桐柏山区
钼矿	东秦岭—大别山成矿带
铝矿	三门峡、济源、焦作、郑州、平顶山区域
石油	中原油田、河南油田

表 3-12   2019 年底河南省主要矿种储量情况

矿种	单位	年底保有储量	年初保有储量	储量增减
煤炭	千吨	38907456.16	38841076.11	66380.05
石煤	千吨	676.80	676.80	0.00
铁矿	矿石千吨	2052649.46	2054545.89	-1896.43
铜矿	铜吨	926977.51	894977.63	31999.88
铅矿	铅吨	5735275.34	5149431.90	585843.44
铝土矿	矿石千吨	1279725.10	1184338.17	95386.93
钨矿	氧化钨吨	602316.65	248669.68	353646.97
钼矿	钼吨	7507185.89	6012405.35	1494780.54
金矿	岩金千克	718157.70	686172.48	31985.22
银矿	银吨	17620.29	16127.86	1492.43
普通萤石	萤石氧化钙千吨	8901.29	7804.76	1096.53
硫铁矿	矿石千吨	355635.22	330490.17	25145.05
磷矿	矿石千吨	83049.42	83049.42	0.00
石墨	晶质石墨千吨	29346.03	25839.83	3506.20

河南省共有 1503 个各类经济性质的独立核算采矿单位从事矿业生产活动，其中大型矿山企业有 141 个，中小型矿山企业有 1072 个，小矿山企业有 290 个；从事矿业生产人数为 31.18 万人。全省固体矿石产量为 2.75 亿吨，实际采矿能力达 3.44 亿吨/年；工业生产总值为 842.51 亿元，矿产品销售收入为 677.25 亿元，利润总额为 59.56 亿元，其中煤炭利润总额为 14.51 亿元。具体见表 3-13 和表 3-14。

表 3-13   河南省主要矿产资源开发利用情况

矿种	矿山数/个	从业人员/人	年产矿量/万吨	工业总产值/万元	矿产品销售收入/万元	利润总额/万元
煤炭	247	253022	9345.37	5093396.54	4923909.73	145127.63
铁矿	138	5435	694.18	135669.90	115495.65	27068.43
铜矿	12	118	5.23	1880.00	1697.00	-770.00
铅矿	86	1607	56.69	96125.62	95741.52	9286.42

续表

矿种	矿山数/个	从业人员/人	年产矿量/万吨	工业总产值/万元	矿产品销售收入/万元	利润总额/万元
锌矿	11	90	0.00	0.00	0.00	0.00
铝土矿	100	3622	338.34	107023.11	54364.17	−2794.27
钼矿	18	9021	3900.00	1510888.15	544833.03	144570.31
金矿	115	15001	351.75	330120.88	312548.02	31282.44
银矿	11	771	31.09	18571.50	16278.20	3451.00
普通萤石	85	1452	2.83	4523.14	3983.14	336.30
耐火黏土	16	296	24.25	13161.53	13160.80	−1655.41
硫铁矿	8	516	10.35	1355.00	1355.00	0.00
石墨	13	131	0.23	75.20	0.00	0.00
水泥用灰岩	72	2841	5259.72	357199.73	78405.86	70281.69
建筑石料用灰岩	183	3891	5234.78	229265.86	195703.91	57958.58

表 3-14　河南省主要煤种资源分布情况

煤种	区域
低变质烟煤	义马
中变质烟煤	平顶山、韩梁、朝川、安阳、鹤壁、宜洛、陕渑、禹县、新安、济源、临汝、确山
贫煤、无烟煤	焦作、新密、登封、济源、偃龙、荥巩、永夏、鹤壁九矿、确山、商城

　　河南省在不可再生资源的利用过程中存在能源结构不合理、能源利用率不高等情况，又因为不可再生资源在短时间内不能再生，属于越用越少的资源，因此我们在利用过程中要注重保护和提高利用效率。例如，加大对资源科学试验和科研攻关的投入力度，在技术上提高不可再生资源的利用效率；同时，应积极寻找替代资源，以缓解对传统资源的依赖程度；还应加强和完善相关法律，在法律制度层面加大对不可再生资源的保护力度；等等。

参考文献

［1］赵建成，吴跃峰．生物资源学：第 2 版［M］．北京：科学出版社，2008.

［2］孙卫国．气候资源学［M］．北京：气象出版社，2008.

［3］万年庆，罗焕枝，刘学功．对自然资源概念的再认识［J］．信阳师范学院学报（自然科学版），2008，21（4）：630-634.

［4］萨乌式金．经济地理学导论［M］．北京：商务印书馆，1960.

［5］朱连奇，赵秉栋．自然资源开发利用的理论与实践［M］．北京：科学出版社，2004.

［6］刘成武，杨志荣，方中权，等．自然资源概论［M］．北京：科学出版社，1999.

［7］辞海编辑委员会．辞海：第 7 版［M］．上海：上海辞书出版社，2020.

［8］黄民生，何岩，方如康．中国自然资源的开发、利用和保护［M］．北京：科学出版社，2011：1.

［9］巩固．自然资源国家所有权公权说［J］．法学研究，2013，35（4）：19-34.

［10］王文楷，毛继周，陈代光，等．河南地理志［M］．郑州：河南人民出版社，1990.

［11］席荣珑．河南自然资源特点及其优劣势分析［J］．中原地理研究，1984（2）：41-48.

［12］刘广超．新中国成立 50 年河南省工业化发展研究（1949—2000）［D］．西安：西安工程大学，2013.

［13］张文驹．自然资源一级分类［J］．中国国土资源经济，2019，32（1）：4-14.

［14］蔡运龙. 自然资源学原理［M］. 北京：科学出版社，2018.

［15］HAGGETT P. Geography：a global synthesis［M］. Edinburgh Gate：Pearson Education Limited，2001.

［16］葛良胜，夏锐. 自然资源综合调查业务体系框架［J］. 自然资源学报，2020，35（9）：2254-2269.

［17］吕贻峰. 国土资源学［M］. 武汉：中国地质大学出版社，2001.

［18］伍光合，王乃昂，胡双熙，等. 自然地理学［M］. 北京：高等教育出版社，2007.

［19］陈百明，周小萍，胡业翠，等. 土地资源学［M］. 北京：北京师范大学出版社，2008.

［20］娄治平，赖仞，苗海霞. 生物多样性保护与生物资源永续利用［J］. 中国科学院院刊，2012，27（3）：359-365.

［21］全国科学技术名词审定委员会. 水利科技名词［M］. 北京：科学出版社，1997.

［22］张抒阳，张沛，刘珊珊. 太阳能技术及其并网特性综述［J］. 南方电网技术，2009（4）：64-67.

［23］环境科学大辞典编委会. 环境科学大辞典：修订版［M］. 北京：中国环境科学出版社，2008.

［24］河南省国土资源厅. 河南省国土资源公报［R］. 2017.

［25］连煜. 河南省生物多样性概况［J］. 河南林业科技，2003，23（4）：18-21.

［26］张雪芬. 河南省气候资源的保证率及利用率［J］. 河南气象，1999（3）：30-31.

［27］河南省水利厅. 河南省水资源公报［R］. 2020.

［28］胡志东. 调蓄水库对南水北调河南受水区水资源配置的影响研究［D］. 郑州：郑州大学，2010.

［29］河南省水利勘测设计有限公司．河南省南水北调受水区供水配套工程规划［R］．2007．

［30］李克煌．河南省的太阳能资源及其利用区划［J］．河南大学学报（自然科学版），1985（3）：23-30．

［31］陈高峰，王志伟，雷廷宙，等．生态文明理念下河南省能源绿色低碳发展研究［J］．河南科学，2018，36（6）：964-970．

［32］郑勇，侯绍刚，马伟伟，等．河南能源结构优化与发展问题的研究［J］．山东化工，2020，49（21）：126-127．

第四章

生态系统服务价值核算及驱动力

第一节　生态服务价值评估模型构建

一、生态系统服务价值评估方法

谢高地等学者基于 Costanza 的评估方法，于 2007 年对我国 700 位具有生态学背景的专家进行了问卷调查，结合调查结果最终编制了中国陆地生态系统服务价值当量表。虽然后来不断有学者提出新的评估方法，但由于谢高地等构建的当量因子表具有对我国生态价值的评估适用性强、科学性强、权威性高等优点，依然被广泛应用于全国和各区域尺度的生态系统服务功能价值的评估与研究[1]中。

二、生态系统服务类型界定

由于《全国遥感监测土地利用覆盖分类体系》中的土地利用类型与我国生态系统服务当量因子表中的生态系统类型存在一定差异，因此将划定的"三生空间"用地类型与谢高地等人制定的我国陆地生态系统服务价值当量因子表（见表4-1）中的用地类型进行匹配。其中，耕地、林地、草地分别对应我国陆地生态系统服务价值当量因子表中的农田生态系统、森林生态系统和草地生态系统，河湖水面对应水体生态系统，未利用地对应荒漠生态系统。除此之外，考虑到园地所提供的生态服务价值介于耕地和林地之间，因此价值当量考虑取农田和森林生态系统的平均值[2]；而水库坑塘由于具有一定的水产养殖功能，不能完全等同于河湖水面的生态服务价值，因此其单位生态系统服务当量应相应缩减。参考欧惠等[3]人的研究，本书取河湖水面生态服务价值的80%作为水库坑塘的生态服务价值。由于谢高地等人的研究中缺乏建设用地的单位生态系统服务价值当量，而后续学者对此地类所提供的生态服务价值意见不一，因此，本书忽略建设用地的生态服务价值，得到河南省各用地类型的生态系统服务价值当量表（见表4-2）。

表4-1　我国陆地单位面积生态服务价值当量表　　单位：元/公顷

一级类型	二级类型	农田	森林	草地	湿地	河流/湖泊	荒漠
供给服务	食物生产	1.00	0.33	0.43	0.36	0.53	0.02
	原材料生产	0.39	2.98	0.36	0.24	0.35	0.04
调节服务	气体调节	0.72	4.32	1.50	2.41	0.51	0.06
	气候调节	0.97	4.07	1.56	13.55	2.06	0.13
	水文调节	0.77	4.09	1.52	13.44	18.77	0.07
	废物处理	1.39	1.72	1.32	14.40	14.85	0.26
支持服务	保持土壤	1.47	4.02	2.24	1.99	0.41	0.17
	维持生物多样性	1.02	4.51	1.87	3.69	3.43	0.40
文化服务	提供美学景观	0.17	2.08	0.87	4.69	4.44	0.24
合计		7.9	28.12	11.67	54.77	45.35	1.39

表4-2　河南省各用地类型的生态系统服务价值当量表 单位：元/公顷

土地利用类型		单位面积生态系统服务价值当量
生产生态用地	1. 耕地	10.98
	2. 园地	25.03
生态生产用地	3. 林地	39.09
	4. 水库坑塘	50.43

土地利用类型		单位面积生态系统服务价值当量
生态用地	5. 河湖水面	63.04
	6. 草地	16.22
	7. 未利用地	1.93

三、基于地区农田食物生产经济价值量修正

参照谢高地等[4]的研究，区域单位生态系统服务价值当量因子的经济价值量为粮食的平均单产与粮食收购价格乘积的 1/7。通过查阅《河南统计年鉴》2000 年、2005 年、2010 年、2015 年及 2018 年 5 年的平均粮食单产量，以及《全国农产品成本收益资料汇编》2018 年小麦、稻谷、玉米研究区 3 类主要粮食作物的价格，计算得出河南省单位生态系统服务价值当量因子为 2019.20 元/公顷（见表 4-3）。

$$E_r = \frac{1}{7}\sum_{i=1}^{n}\frac{m_i p_i q_i}{M} \tag{4-1}$$

式（4-1）中，E_r 表示农田系统单位面积所提供粮食的经济价值；i 表示粮食作物种类；m_i 表示第 i 种粮食作物的总播种面积；p_i 表示第 i 种粮食作物的平均价格；q_i 表示第 i 种粮食作物单位面积平均产量；M 表示所有粮食作物的总播种面积。

$$ESV = \sum_{j=1}^{k}VC_j \times A_j \tag{4-2}$$

式（4-2）中，ESV 为生态系统服务价值；A_j 为第 j 类土地利用类型的面积（公顷）；VC_j 为生态服务系数，即单位面积上土地利用类型 j 的 ESV（元/公顷·年）。

表 4-3　河南省单位面积生态服务价值当量表　　单位：元/公顷

一级类型	二级类型	生产生态用地		生态生产用地		生态用地		
		农田	园地	森林	水库坑塘	草地	河流	荒漠
供给服务	食物生产	2019.20	1342.77	666.34	856.14	868.26	1070.18	40.38
	原材料生产	787.49	3402.35	6017.22	565.38	726.91	706.72	80.77

一级类型	二级类型	生产生态用地		生态生产用地		生态用地		
		农田	园地	森林	水库坑塘	草地	河流	荒漠
调节服务	气体调节	1453.82	5088.38	8722.94	823.83	3028.80	1029.79	121.15
	气候调节	1958.62	5088.38	8218.14	3327.64	3149.95	4159.55	262.50
	水文调节	1554.78	4906.66	8258.53	30320.31	3069.18	37900.38	141.34
	废物处理	2806.69	3139.86	3473.02	23988.10	2665.34	29985.12	524.99
支持服务	保持土壤	2968.22	5542.70	8117.18	662.30	4523.01	827.87	343.26
	维持生物多样性	2059.58	5583.09	9106.59	5540.68	3775.90	6925.86	807.68
文化服务	提供美学景观	343.26	2271.60	4199.94	7172.20	1756.70	8965.25	484.61
合计		15951.68	36365.79	56779.90	73256.58	23564.06	91570.72	2806.69
		52317.47		130036.48		117941.47		

四、基于 NDVI 的单元格修订

利用研究区单位面积农田的食物生产价值修正，得到河南省生态系统服务价值系数表后，虽然考虑到了区域粮食生产差异的实际情况，但是相同的生态系统内部仍然存在空间差异性。例如，高产耕地与低产耕地的生态系统服务价值必然不同，植被覆盖度、降水量、光照等自然条件差异会直接影响生物的生长情况及生态服务价值高低。其中，植被是敏感的环境变化指示器，能直观地反映生态系统的变化状况，且已有研究也表明植被覆盖度与生态系统服务价值存在较强的正相关性。因此，选取植被覆盖度系数作为指标，在单元格尺度的生态系统服务价值的修订中，根据植被覆盖度与 NDVI 的对应关系进行 ESV 修订。由于水域、水库坑塘及未利用地的植被较为稀少，因此仅对耕地、林地、园地、草地的生态服务价值进行修正。具体公式如下：

$$FV = \frac{NDVI - NDVI_{min}}{NDVI_{max} - NDVI_{min}} \qquad (4-3)$$

$$F_i = \frac{f_i}{\bar{f}}, \quad i = 1, 2, 3, \cdots, n \qquad (4\text{-}4)$$

$$E = E_i \times F_i \qquad (4\text{-}5)$$

式（4-3）至式（4-5）中，$NDVI$ 为归一化植被指数；FV 为植被覆盖度；F_i 为第 i 个评估单元的植被覆盖度修订系数；f_i 为第 i 个评估单元的 FV 值总和；$\bar{f}$ 为研究区 FV 平均值；E_i、E 分别为修订前、后的生态系统服务价值。

第二节　基于格网尺度的生态系统服务价值时空变化

一、生态系统服务价值总量变化

格网尺度的研究为 ESV 空间尺度的缩小和精度的提高提供了新思路，深入研究 ESV 空间分异规律，突破传统行政边界的限制，实现土地利用空间数据的微观重构[5]，更直观地表现单元变化程度，对研究 ESV 空间差异的机理、制定差别化的区域生态保护政策具有重要意义。本书利用 ArcGIS 10.3 软件中的创建渔网工具构建 5 千米×5 千米的网格为研究单元，再用面积制表工具与研究区土地利用数据相交后，得到 7003 个格网。格网建立完成后，分别利用面积制表工具得到每一个网格单元土地利用类型的像元数，再根据表 7-3 计算得到每个网格单元修订之前的 ESV 值。

在 ENVI 5.3 软件中，基于之前处理的 $NDVI$ 数据，通过 Compute Statistics 得到各年份概率为 5%～95% 的置信度区间后，再次利用 Band Math 工具归一化处理计算得到 2000 年、2005 年、2010 年、2015 年、2018 年这 5 年的植被覆盖数据。将处理好的 5 年 FV 数据导入 ArcGIS 10.3 软件中，以表格显示分区统计工具得到每个网格中植被覆盖度修订系数 F_i，然后导出 Excel，利用公式（4-4）计算得到耕地、园地、林地、草地修订后的 *ESV* 值，进而计算出每个网格单元的 *ESV* 总值。

对于网格生态系统服务价值的高低，可以采取自然断点法将其划分为低级、较低级、中等级、较高级、高级五大类。其中，低级是指生态系统服务价值小于等于 23.65×10^6 元的网格；较低级是指生态系统服务价值为 23.65×10^6 ~ 54.41×10^6 元的网格；中等级是指生态系统服务价值为 54.41×10^6 ~ 101.54×10^6 元的网格；较高级是指生态系统服务价值为 101.54×10^6 ~ 168.53×10^6 元的网格；高级是指生态系统服务价值大于等于 168.53×10^6 元的网格。

通过图 4-1 可以发现，2000—2018 年河南省生态服务价值总量呈先增加再减少的整体增加趋势，由 2000 年的 4137.55 亿元逐步递增到 2015 年的 4272.55 亿元，从 2015 年开始下降至 2018 年的 4260.02 亿元，共增加了 122.47 亿元，其中 2010—2015 年生态系统服务总值增益较多，增幅达到 2.24%，并于 2015 年达到 18 年来的最大值。无论生态系统服务总值增加或减少，3 种用地类型对于总值的贡献程度均未发生改变，从高至低为：生态生产用地、生产生态用地、生态用地。

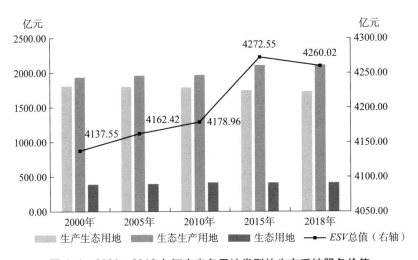

图 4-1 2000—2018 年河南省各用地类型的生态系统服务价值

由表 4-4 可知，不同时期的 *ESV* 等级变化具有一定的特征。分析

表明，近 18 年来，河南省低级别、中等级别、较高级别和高级别 *ESV*
区域都呈不同程度的扩展，而较低级别的 *ESV* 区域范围整体呈缩减趋
势，但各级别对于研究区生态系统服务总值的贡献程度始终稳定，从高
到低为：较低级、中等级、高级、低级和较高级。较低级别等级的 *ESV*
区域虽然逐年缩减，但所占研究区总面积比例始终高达 60% 以上，中等
级别所占比例始终稳定在 10% 以上且整体呈增长趋势，其他 3 类级别所
占比例相差不大，皆在 7% 上下浮动。受土地利用类型分布的影响，河
南省生态系统服务价值区域差异显著，生态系统服务价值的高值区、较
高值区多分布于林地、草地和水域等分布广泛的西部（洛阳市、南阳
市）和南部（信阳市）等地区。由于这些地区林草、水湖资源丰富，
不利于开垦为耕地或转型为建设用地，限制了农业、工业的发展与人
口、城镇的聚集，因此大部分区域属于高值区和较高值区。河南省内西
部地区为秦岭的东延部分，呈扇状分布，其中伏牛山脉是豫西山脉的主
体，绵延数百余里，覆盖了洛阳、南阳、平顶山、三门峡、驻马店 5 市
15 个县，因此此处生态系统服务价值常年处于高值区且呈大面积分布。
除此之外，省内西北部和南部地区，即对应的河南焦作、新乡北部太行
山脉一带和信阳的大别山、桐柏山皆为林地、草地的集中分布区，植被
覆盖度较高，生态系统服务价值常年处于较高值区。这些以山水林湖草
为主要用地的地区由于用地性质较稳定，在研究期间一直稳定居于研究
区生态价值的较高值区，是研究区生态系统服务价值总量的主要贡
献源。

表 4-4　2000—2018 年河南省不同等级 *ESV* 面积变化

年份	项目	ESV 等级				
		低级	较低级	中等级	较高级	高级
2000	面积/ 平方千米	11600.00	120575.00	18525.00	10275.00	14075.00
	占比/%	6.63	68.88	10.58	5.87	8.04

年份	项目	ESV 等级				
		低级	较低级	中等级	较高级	高级
2005	面积/平方千米	11775.00	118800.00	19550.00	11150.00	13775.00
	占比/%	6.73	67.87	11.17	6.37	7.87
2010	面积/平方千米	12875.00	117050.00	18950.00	12475.00	13700.00
	占比/%	7.36	66.87	10.83	7.13	7.83
2015	面积/平方千米	12650.00	116250.00	18000.00	12625.00	15525.00
	占比/%	7.23	66.41	10.28	7.21	8.87
2018	面积/平方千米	14575.00	112400.00	19625.00	13200.00	15250.00
	占比/%	8.33	64.21	11.21	7.54	8.71

河南省耕地分布广泛，东部黄淮海平原地势平坦地区以种植小麦为主，植被覆盖率较低，且不具有丰富的水域、湿地资源，因此大部分生态系统服务价值处于中值区，甚至较低值区。此两类值区也是研究区内所占面积最多的地区。

由于生活生产用地生态价值系数为零，因此研究区的低值区自然是研究区土地利用类型主要为建设用地的地区，也是郑州等市经济社会集中发展、工业化城镇化水平高的地区，且近年随着该区域建设用地扩张，也逐渐变成低值区的聚集地。

二、单项生态系统服务价值变化

由表4-5和图4-2中河南省生态系统服务价值构成比例分析得出，2000—2018年，研究区 ESV 总值是呈先递增再递减的趋势，由2000年的4137.55亿元增加至2018年的4260.02亿元，共增加了122.47亿元。具体到4项主要服务来看，研究期间各服务对生态服务总值的贡献排名稳定。调节服务对生态系统服务总值的贡献率最高，2010年达到最高占比52.20%，研究期间平均占比为52.12%；其次是支持服务，2000

年最高占比为 29.40%，研究期间平均占比为 29.28%；供给服务 2000
年最高占比为 13.35%，研究期间平均占比为 13.19%；文化服务的贡献
率最低，2018 年最高占比为 5.49%，研究期间平均占比仅为 5.41%。
从各类服务功能的变化来看，4 类主要服务功能价值相较于 2000 年皆
有所增加。其中，文化服务的价值上升幅度最高，为 6.26%，但增加值
较低，2000—2018 年共计增加 13.77 亿元；调节服务的增加值最高，
2000—2018 年共计增加 73.57 亿元，增幅为 3.42%；供给服务的价值
增加值最低，增加了 4.47 亿元，增幅为 0.81%。总体来看，各项服务
功能价值变化特点与生态系统服务价值相似，2000—2015 年呈持续递
增，自 2015—2018 年呈减少态势，但整体价值是增加的。

表 4-5 2000—2018 年河南省单项生态系统服务价值　　单位：亿元

生态系统服务		2000 年	2005 年	2010 年	2015 年	2018 年
供给服务	食物生产	257.38	256.76	255.64	253.37	251.47
	原材料生产	294.97	294.17	295.41	307.46	305.35
	合计	552.35	550.93	551.05	560.83	556.82
调节服务	气体调节	475.98	475.48	477.87	494.83	493.27
	气候调节	527.11	527.54	529.60	544.31	542.46
	水文调节	597.05	609.87	614.21	627.81	627.24
	废物处理	548.75	558.42	559.81	560.77	559.48
	合计	2148.88	2171.32	2181.49	2227.72	2222.45
支持服务	保持土壤	634.70	633.89	635.46	648.32	646.45
	维持生物多样性	581.55	583.05	585.67	602.04	600.47
	合计	1216.25	1216.94	1221.13	1250.37	1246.92
文化服务	提供美学景观	220.06	223.22	225.29	233.63	233.83
合计		4137.55	4162.42	4178.96	4272.55	4260.02

由表 4-5 和图 4-3 中各单项服务功能价值变化及占比可发现，与 4
项主要服务 ESV 价值变化情况相比，2000—2018 年研究区 9 项单项生
态价值中除了食物生产单项服务是减少的以外，其他 8 项单项服务生态
价值整体都呈增加态势。在对河南省 ESV 总值贡献度最高的调节服务

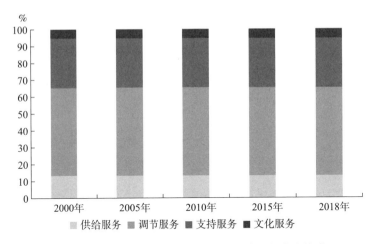

图 4-2 2000—2018 年河南省生态系统服务价值构成

中，4 项单项服务对于总价值的贡献率皆稳定在 10% 以上。水文调节的单项服务功能价值量较高，从 2000 年稳定增长，至 2018 年占生态系统服务价值总量的 14.72%，增长率达 5.06%，相较其他 3 项单项服务来说，增长率较高。承担文化服务的提供美学景观服务在研究期间生态价值增长率最高，增长率达 6.26%，但其单项服务价值较低，2018 年最高值对影响区 ESV 总值贡献率也仅有 5.49%。支持服务中的保持土壤服务对于研究区生态系统服务总值的贡献最高，始终稳定在 15% 以上，但 18 年来单项价值的增加值较低，增长率为所有单项服务中最低，增长率仅有 1.85%。供给服务中的食物生产单项服务价值自 2000 年呈现稳定的递减趋势，研究期间减少率为 2.30%，对于生态系统服务总值的贡献仅略高于提供美学景观服务。

从结构变化来看，2000—2018 年，各单项服务的价值量高低始终稳定为：保持土壤>水文调节>维持生物多样性>废物处理>气候调节>气体调节>原材料生产>食物生产>提供美学景观。但由于食物生产功能呈持续递增态势，与此同时提供美学景观功能以高增长率持续增长，且考虑到两项服务的总占比相差不大，因此未来若仍保持此变化情形，则提

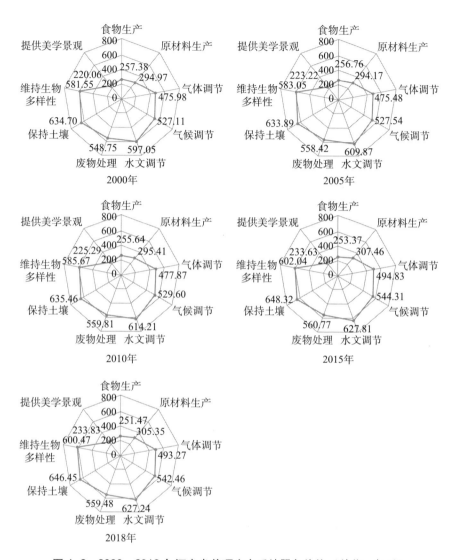

图4-3 2000—2018年河南省单项生态系统服务价值（单位：亿元）

供美学景观功能所贡献的生态系统服务价值很大可能将高于食物生产功能。单项服务功能价值的变化主要受各土地利用类型面积变化的影响，2000—2018年，以林地、水库坑塘为主的生态生产用地和作为生态用地的河流湖泊面积的增加，使得调节服务和文化服务的生态系统服务价值都有不同程度的增加，具体到单项功能的影响表现为水文调节、废物处理和提供美学景观的服务价值都有所增加；而耕地面积的减少对供给服务的价值量影响较大。因此，食物生产价值下降的主要原因是耕地面积的减少。

第三节 生态系统服务价值敏感性分析

为了反映 ESV 对当量系数的依赖程度，本书引入基于弹性系数的敏感性指数（Coefficient of Sensitive，CS）分析方法，通过把各土地利用类型的当量系数分别上调 50%，计算研究区的各土地利用类型的 CS。当 CS 值小于 1 时，表明 ESV 对于当量因子是缺乏弹性的；当 CS 大于 1 时，表明 ESV 对于当量因子是富有弹性的。比值越大，表明生态服务价值对当量因子系数敏感，当量因子的准确性越关键。具体计算公式为：

$$CS = \left| \left[(ESV_j - ESV_i) / ESV_i \right] / \left[(E_j - E_i) / E_i \right] \right| \qquad (4-6)$$

式（4-6）中，CS 为敏感性指数；ESV 为生态服务价值总量；E 为 ESV 的当量系数；i、j 分别表示初始值和当量系数调整后的值。

按照 CS 的计算方法，将各土地利用类型的生态系统服务单价分别上调 50%，得出 2000 年、2005 年、2010 年、2015 年、2018 年各地类生态系统服务单价的 CS。由表 4-6 可知，所有地类生态系统服务单价的 CS 均小于 1，表明 ESV 对于所有的生态系统服务单价缺乏弹性，因此本书采用的价值系数对于河南省具有一定可信度。具体到不同地类的 CS 差异较大，其中耕地最高，在研究期间约 0.45，说明若耕地的价值系数增加 1% 时，ESV 将增加 0.45%，耕地单价的变化对 ESV 总值影响较大。林地次之，园地和荒漠均在 0.011 以下，对 ESV 总值的影响十分微弱。

表4-6 2000—2018年河南省生态系统服务价值敏感性系数

年份	耕地	园地	林地	水库坑塘	草地	河流湖泊	荒漠
	CS±50%	CS±50%	CS±50%	CS±50%	CS±50%	CS±50%	CS±50%
2000	0.457	0.010	0.392	0.021	0.059	0.061	0.000
2005	0.451	0.010	0.390	0.031	0.058	0.060	0.000
2010	0.449	0.011	0.390	0.030	0.059	0.062	0.000
2015	0.448	0.006	0.399	0.030	0.055	0.061	0.000
2018	0.443	0.006	0.402	0.036	0.056	0.056	0.000

第四节 生态系统服务价值驱动因素分析

一、地理探测器模型

地理探测器模型（Geographical Detector）是由王劲峰等提出的探测空间分异性，以及揭示其背后驱动因子的一种新的空间数据探索方法。该模型主要分为风险探测器、因子探测器、生态探测器和交互探测器。地理探测器原理在于分析各因子层内方差和总方差的关系，通过其表现出的空间分层异质性来探测各要素对因变量的驱动力[6-7]。空间分异因子探测器中利用 q 统计量值（值域为0~1）衡量自变量对因变量空间分异性的解释力，q 值表示自变量因子 X 解释了 $100 \times q\%$ 的因变量 Y。当 q 为0时，表示自变量因子与因变量 Y 无关；当 q 为1时，表示自变量 X 完全控制了自变量 Y 的空间分布。交互作用探测器主要用于识别不同因素之间的交互作用，即评估驱动因子共同作用时是否会增强或减弱对因变量空间分异的解释力，或者这些因子对因变量是否独立产生影响，这也是地理探测器模型区别于其他空间模型的特色优势[8]。本书运用因子探测器和交互探测器分析生态系统服务价值变化与各驱动因子之间的空间关联关系，具体公式如下：

$$q = 1 - \frac{1}{N\sigma^2} \sum_{h=1}^{L} N_h \sigma_h^2 \qquad (4-7)$$

式（4-7）中，q 为生态系统服务价值空间分异影响因素探测力；L 为变量 Y 或因子 X 的分层（分类或分区）；N 和 σ^2 分别为研究区内所有样本总数和整个区域的离散方差；N_h 和 σ_h^2 分别为 h 区域的样本数目和离散方差。

交互探测器交互作用类型见表 4-7。

表 4-7 交互探测器交互作用类型

判断数据	交互作用
$q(X_1 \cap X_2) < \min(q(X_1), \ q(X_2))$	非线性减弱
$\min(q(X_1), \ q(X_2)) < q(X_1 \cap X_2) < \max(q(X_1), \ q(X_2))$	单因子非线性减弱
$q(X_1 \cap X_2) > \max(q(X_1), \ q(X_2))$	双因子增强
$q(X_1 \cap X_2) = q(X_1) + q(X_2)$	独立
$q(X_1 \cap X_2) > q(X_1) + q(X_2)$	非线性增强

二、指标体系构建

由本章前文对河南省生态系统服务价值时空分布的分析可见，研究区生态系统服务价值的空间分布具有不平衡性、不稳定的特征。生态系统及其服务功能强弱、大小受到多种因素的共同影响，一般分为自然驱动因素和社会经济驱动因素两大类。其中，自然因素的驱动力多体现在较大的空间尺度上，社会经济因素的驱动力则主要体现在中小时空尺度上。虽然河南省属于中小尺度区域，但由于影响区域内山系分布，地貌形式多样，地势起伏较大，因此也不可忽视自然驱动因素对于生态系统服务价值空间分异的影响。基于以上分析，结合前人研究并考虑到数据的可获取性，本书以生态系统服务价值为因变量（Y），选取了 2000 年、2005 年、2010 年、2015 年和 2018 年涉及人口、经济的 7 个社会经济因子和涉及地形、气候、植被的 5 个自然因子作为影响生态系统服务价值的自变量（X）。再借助地理探测器，定量定性分析 18 年来河南省生态系统服务价值的主要影响因子及其影响程度大小，以期为研究区后续生态环境的保护与可持续发展提供科学依据。

（一）自然因子

本书选取了高程、年降水量、年均气温、坡度和植被覆盖度5个涉及地形、气候、植被方面的自然因子，探究自然因子对河南省生态系统服务价值的影响。地形因子提取如下：

1. 高程

本书从中国科学研究院地理空间数据云获得空间分辨率为30米×30米的 DEM 数据后，利用 ArcGIS 10.3 软件用河南省行政区划的矢量边界进行掩膜裁剪，得到河南省的高程栅格数据。

2. 坡度

坡度为微观地形重要指标之一，直接影响到地表物质的流动和能量的迁移转换，制约着生产力的空间布局。本书利用 3D 分析工具对河南省 DEM 进行 Raster Surface 分析，可分别得到研究区坡度栅格数据。

3. 年降水量

年降水量数据来自国家地球系统科学数据中心，空间分辨率约1千米。分别将 2000 年、2005 年、2010 年、2015 年和 2018 年 5 年的网络通用数据经 Matlab 软件提取处理后转为 TIF 格式。利用 ArcGIS 10.3 软件将每年 12 个月的降水数据求和，得到 5 年的年降水数据，再用研究区矢量数据掩膜提取得到河南省 5 年的年降水量栅格数据。

4. 年均气温

年均气温数据来源与年降水数据相同，在数据处理步骤上不同的是，利用栅格计算器求 12 个月的平均气温数据，再用研究区矢量数据掩膜提取得到河南省 5 年的年均气温栅格数据。

5. 植被覆盖度

本书所用 NDVI 数据为美国国家航空航天局（National Aeronautics

and Space Administration，NASA）发布的地球观测系统的 MOD13Q1 数据集产品。该数据选取 16 天周期内采集到的低云、低视角条件下最高像素值生成的 250 米空间分辨率的归一化植被指数（NDVI）。河南省所用影像为 MOD13Q1（2000—2018 年，除 2000 年为 20 景外，其余 4 年每年 23 景）。MODIS 数据集采用正弦投影（Sinusoidal Projection），存储为 HDFEOS 格式文件。由于该数据在投影方式和存储格式上都与我国的习惯不同，因此为便于数据的处理和使用，利用官方 MRT（MODIS Reprojection Tool）数据处理软件进行数据拼接、波段筛选、投影变化、格式转换等一系列批量处理后，利用 ArcGIS 10.3 像元统计，将处理好的 TIF 格式数据采用最大年合成法合成为年数据。接着在 ENVI 中不规则分幅裁剪矢量数据而生成感兴趣区，裁剪得到研究区的 NDVI 数据集，采用 ENVI 中 Band Math 工具（$b1/10000.0$）公式计算得到 2000 年、2005 年、2010 年、2015 年和 2018 年 5 年 NDVI 数据后，再结合掩膜工具，通过 Compute Statistics 得到各年份概率为 5%~95% 的置信度区间后，再次利用 Band Math 工具归一化处理计算，得到 2000 年、2005 年、2010 年、2015 年、2018 年 5 年的植被覆盖数据。

（二）社会经济因子

本书选取了人口密度、地区生产总值、城镇化率、人为干扰指数、距主要行政中心距离、距主要河流距离，以及距主要道路距离 7 种涉及人口、经济等方面可以反映人类活动的社会经济因子，探究社会经济因素对河南省生态系统服务价值的影响。

近年来，河南省土地变化强度持续增强，其中由于城镇化水平的提升，用地需求加剧、建设用地侵占其他地类的现象严重，而且河南省为人口大省，人口分布情况与生态系统承载力高度相关，影响着生态系统的自我调节等服务功能。除此之外，距河流、道路及行政中心的距离远近也对生态系统功能强弱有着不同程度的影响。

1. 人为干扰指数（Human Active Index，HAI）

人为干扰主要来源于人类有目的的生产、生活及其他的社会活动。在人类活动频繁的景观中，不同土地利用方式和强度产生的人为干扰具有区域性和累积性特征。人为干扰指数越大，表明人类对景观的影响越强。本书基于前人研究[9]，选取利用 HAI 指数分析研究区 *ESV* 与人类干扰强度之间的相互关系。其公式为：

$$HAI = \sum_{i=1}^{n} (A_i P_i / TA) \tag{4-8}$$

式（4-8）中，A_i 为第 i 种土地景观类型的总面积；P_i 为第 i 种土地景观类型所反映的人为影响强度参数。本书主要基于前人结果，结合研究区地类的属性特征及其变化和相互转化的实际情况，最终采用 Delphi 法对 P_i 参数赋值。其中，农田为 0.67、林地为 0.13、草地为 0.12、水体为 0.10、建设用地为 0.96、未利用地为 0.05。*TA* 为评价单元内的土地景观类型总面积；n 为土地利用类型的数量。

本书利用 ArcGIS 10.3 软件，以 5 千米×5 千米格网为基本单元，按上述计算公式计算出每个格网中的人为干扰指数后，将其栅格化，得到研究期间（5 年）河南省人为干扰指数。

2. 人口密度

反映区域人口的密集程度。利用 ArcGIS 10.3 软件分别将研究区 2000 年、2005 年、2010 年、2015 年和 2018 年各乡镇的人口统计数据输入各区县矢量边界属性表中，再借助地图代数计算出各区县单位面积建设用地的人口数；对其进行栅格化和空间叠加分析后，将该结果再次与以 5 千米×5 千米为基本单元格网的建设用地比例进行空间叠加分析，分别得到研究区人口密度图。

3. 地区生产总值（GDP）

以行政区为基本统计单元，在分区县人口统计数据的基础上，综合考虑了土地利用类型、夜间灯光亮度、居民点密度等因素，利用多因子权重分配法得到地区生产总值空间化数据。研究区生产总值空间分布数据，是中国科学院资源环境科学数据中心的原始地区生产总值空间分布数据，再经 ArcGIS 10.3 软件进行空间分析处理得到。

4. 城镇化率

近年来，河南省土地变化强度持续增强，其中由于城镇化水平的提升，用地需求加剧，建设用地侵占其他地类的现象严重，因此选取城镇化率为驱动因子之一。将研究区 2000 年、2005 年、2010 年、2015 年和2018 年各区县的常住人口数和非农业人口数的统计数据链接至各区县行政矢量边界属性表中，建立城镇化率字段，并用非农业人口数除以常住总人口数，计算出该字段值后，将该字段进行栅格化处理和空间叠加分析，分别得到 5 年内研究区城镇化率的栅格数据。

5. 距主要河流距离

主要河流数据来源于国家基础地理信息系统，利用研究区矢量裁剪得到河南省主要河流的矢量数据后，利用 ArcGIS 10.3 中的欧氏距离工具，计算得到研究区距主要河流距离的栅格数据。

6. 距主要行政中心距离

县级行政中心数据也来源于国家基础地理信息系统，采用同样的处理方式，利用研究区矢量裁剪得到河南省县级行政中心的矢量数据后，利用 ArcGIS 10.3 中的欧氏距离工具，计算得到研究区距主要行政中心的栅格数据。

7. 距主要道路距离

主要道路数据来源于 Open Street Map 网站，处理方式与上述相同，利用研究区矢量裁剪得到河南省主要道路的矢量数据后，利用 ArcGIS 10.3 中的欧氏距离工具，计算得到研究区距主要道路距离的栅格数据。

三、地理探测器探测结果分析

本书主要利用 ArcGIS 10.3 以 5 千米×5 千米幅度将各驱动因子按自然断点法分类离散化成地理探测器需要的类型数据后，对研究区进行空间网格化采样后，基于地理探测器工具的"因子探测器"和"交互作用探测器"功能，以生态系统服务价值总量为地理探测因变量，以驱动因子为自变量，输入地理探测器进行驱动因子贡献率及驱动因子之间交互作用特点的定量分析，探讨河南省生态系统服务价值空间分异的驱动机制。

1. 因子探测分析

利用地理探测器对 5 期河南省生态系统服务价值空间分异变化进行因子探测，分析各因子对河南省生态系统服务价值变化的影响程度。结果显示，各因子对河南省生态系统服务价值影响程度各有差异，具体如表 4-8 所示。

表 4-8　河南省生态系统服务价值空间分异驱动因子探测结果

影响因子	2000 年	2005 年	2010 年	2015 年	2018 年
高程	0.55	0.57	0.58	0.57	0.60
坡度	0.40	0.41	0.42	0.43	0.45
年均气温	0.40	0.42	0.43	0.40	0.43
年降水量	0.12	0.09	0.15	0.12	0.08
植被覆盖度	0.22	0.17	0.19	0.27	0.27
人口密度	0.30	0.29	0.25	0.24	0.25
人为干扰指数	0.80	0.81	0.82	0.85	0.87
地区生产总值	0.17	0.18	0.16	0.13	0.16
城镇化率	0.12	0.15	0.22	0.17	0.21
距主要河流距离	0.02	0.02	0.02	0.02	0.02
距主要道路距离	0.08	0.09	0.10	0.10	0.09
距主要行政中心距离	0.20	0.21	0.21	0.22	0.21

从表4-8中可以看出，各因子对河南省生态系统服务价值变化的影响程度各不相同。2000年，各因子对河南省生态系统服务价值变化影响程度的大小依次排序为：人为干扰指数>高程>年均气温＝坡度>人口密度>植被覆盖度>距主要行政中心距离>地区生产总值>城镇化率＝年降水量>距主要道路距离>距主要河流距离。从这个结果可以看出，影响程度最大的人为干扰指数解释力高达0.80，q值远大于其他因子。除人为干扰指数外，社会经济数据中人口密度、距主要行政中心距离的解释力也较强，q值分别为0.30、0.20。自然因子中的高程因子解释力较高，达到了50%以上。除此之外年均气温与坡度的q值也比较高，两者皆约为0.40。由此可以看出，自然因子中地形因素和降雨、温度等气候因素对生态系统服务价值变化的影响程度较显著。但总体来看，自然驱动因子对生态系统服务价值的影响程度小于社会经济因子。

2005年，各因子对河南省生态系统服务价值变化影响程度的大小依次排序为：人为干扰指数>高程>年均气温>坡度>人口密度>距主要行政中心距离>地区生产总值>植被覆盖度>城镇化率>年降水量＝距主要道路距离>距主要河流距离。前5个影响程度较大的因子仍为人为干扰指数、高程、年均气温、坡度和人口密度，q值分别为0.81、0.57、0.42、0.41、0.29，表示这5个驱动因子对生态系统服务价值的解释力较大且影响程度保持稳定。此外，社会经济因子中人为干扰指数的解释力由2000年的0.80增加到2005年的0.81，说明随着人口数量的增加，对于生态环境的压力也在不断增加。自然因子中高程的影响程度最大，q值为0.57；而年降水量的影响程度最小，q值为0.09。2005年社会经济因子和自然因子中影响程度最大的与2000年的相同，分别为人为干扰指数和高程。

2010年，各因子对河南省生态系统服务价值变化影响程度的大小依次排序为：人为干扰指数>高程>年均气温>坡度>人口密度>城镇化率>距主要行政中心距离>植被覆盖度>地区生产总值>年降水量>距主要道路距离>距主要河流距离。2010 年前 5 个影响程度较大的因子仍与前两期结果相同，人为干扰指数的影响程度仍为最大，q 值为 0.82；其次为高程，q 值为 0.58。因此，在此研究阶段社会经济因子和自然因子中对生态系统服务价值变化影响程度最大的因子与 2000 年和 2005 年的一致；而影响程度最小的依然是社会经济因子中的距主要道路距离和距主要河流距离，两者解释力都在 10% 以下。

2015 年，各因子对河南省生态系统服务价值变化影响程度的大小依次排序为：人为干扰指数>高程>坡度>年均气温>植被覆盖度>人口密度>距主要行政中心距离>城镇化率>地区生产总值>年降水量>距主要道路距离>距主要河流距离。相较于前 10 年，坡度的解释力超过了年均气温因子，同时人口密度因子的解释力也下降至 0.24。但人为干扰指数、高程和坡度因子始终保持在解释力贡献前几位，一直是河南省生态系统服务价值变化的主要影响因子，且人为干扰指数的解释力一直占据主导地位，解释力稳定在 80% 以上。

2018 年，各因子对河南省生态系统服务价值变化影响程度的大小依次排序为：人为干扰指数>高程>坡度>年均气温>植被覆盖度>人口密度>距主要行政中心距离＝城镇化率>地区生产总值>距主要道路距离>年降水量>距主要河流距离。2018 年各因子的影响程度结构与 2015 年的基本一致，而 18 年来人为干扰指数、高程、坡度作为对河南省生态系统服务价值影响程度最高的 3 个因子的解释能力仍在逐渐增大。

2. 交互作用探测分析

交互探测器主要用来探测驱动因子影响生态服务价值的空间分布是否具有交互作用，可以通过交互探测结果的 $q(x_i \cap x_j)$ 值来识别驱动因子之间的共同作用是否增加或减弱对分析变量的解释力[8]。当两因子交互结果为 $q(x_i \cap x_j) < \min\{q(x_i), q(x_j)\}$ 时，表明因子 x_i 和 x_j 呈非线性减弱交互类型；当 $\min\{q(x_i), q(x_j)\} < q(x_i \cap x_j) < \max\{q(x_i), q(x_j)\}$

时，表明二者为单因子非线性减弱交互类型；当 $q(x_i \cap x_j) > \max\{q(x_i),$ $q(x_j)\}$ 时，表明二者为双因子交互增强类型；当 $q(x_i \cap x_j) > q(x_i) +$ $q(x_j)$ 时，表明因子 x_i 和 x_j 交互后非线性增强；当 $q(x_i \cap x_j) = q(x_i) +$ $q(x_j)$ 时，表明两因子之间相互独立。利用地理探测器对 2018 年河南省 12 个生态系统服务价值变化影响因子进行交互探测分析，以此判断各因子之间的交互作用是否增强或减弱生态系统服务价值的变化。各因子之间的交互作用结果如表 4-9 所示。

表 4-9 河南省生态系统服务价值空间分异驱动因子交互探测结果

	X1	X2	X3	X4	X5	X6	X7	X8	X9	X10	X11	X12
X1	0.43											
X2	0.69	0.08										
X3	0.53	0.39	0.25									
X4	0.57	0.36	0.52	0.27								
X5	0.60	0.51	0.40	0.54	0.21							
X6	0.65	0.44	0.39	0.48	0.24	0.16						
X7	0.88	0.91	0.87	0.92	0.90	0.90	0.87					
X8	0.51	0.36	0.37	0.43	0.40	0.38	0.87	0.21				
X9	0.66	0.79	0.65	0.76	0.76	0.73	0.89	0.66	0.60			
X10	0.58	0.55	0.54	0.62	0.52	0.51	0.87	0.55	0.65	0.45		
X11	0.45	0.11	0.27	0.29	0.25	0.21	0.87	0.25	0.61	0.47	0.02	
X12	0.50	0.19	0.30	0.36	0.30	0.27	0.87	0.26	0.64	0.50	0.13	0.10

注：X1、X2、X3、X4、X5、X6、X7、X8、X9、X10、X11 和 X12 分别代表驱动因子年均气温、年降水量、人口密度、植被覆盖度、城镇化率、地区生产总值、人为干扰指数、距行政中心距离、高程、坡度、距主要河流距离和距主要道路距离。

河南省 ESV 空间分异的驱动因子交互探测结果显示，在所选因子中任意两个因子的交互作用均大于单个因子的影响，两两交互的类型主要为交互增强型和非线性增强型，说明河南省 ESV 空间分异结果不是由单一影响因子造成的，而是不同影响因素共同作用的结果。其中，HAI 与 NDVI 交互作用对 ESV 空间分异的影响最强，因子交互探测的 q 值最高，为 0.92，解释力近 92%；*HAI* 和高程与其他因子交互探测的 *q* 值皆达到了 60%以上。除此之外，年均气温∩年降水量（*q* 值 0.69）、年均气温∩城镇化率（*q* 值 0.60）、年均气温∩地区生产总值（*q* 值 0.65）、植被覆盖度∩坡度（*q* 值 0.62）的交互探测 *q* 值也达到了 60%及以上水平。其余因子交互类型的 *q* 值虽然低于 0.6，但也显示了双因子较单一因子对 *ESV* 空间分异影响程度更高的作用效果。分析表明，河南省 *ESV* 空间分异驱动因子之间的交互作用均大于单因子对 *ESV* 的作用程度，不同因子之间的复杂耦合作用所形成的协同增强效应共同影响了流域 *ESV* 在空间上的分异效果。其中，*HAI* 因子和气象因子（年均气温、年降水量）、植被因子（*NDVI*）、社会经济因子（地区生产总值、人口密度、城镇化率）、距离因子（距主要行政中心距离、距主要河流距离、距主要道路距离）及地形因子（高程、坡度）之间交互作用结果的 *q* 值皆达到了 0.80 以上，明显表现出多因子交互对研究区 *ESV* 空间分异作用协同增强的效果。因此，研究区在本身的地理、气象条件约束下，会因为受到外部人为影响因子的强烈干扰，而大大增强 *ESV* 在空间分布上的差异效果。在生态系统优化与生态风险管控实践中，应考虑不同驱动因子的作用特点和各驱动因子交互协同增强的效果，采取差异化多元调控策略，选择与区域自然条件、社会经济发展水平相适应的土地利用开发模式，避免不合理或强烈的人为土地利用干扰与自然、社会经济因子协同作用会增强对区域生态系统的压力。

第五节　未来生态系统服务价值估算

一、自然发展情景

通过表 4-10 可知，与河南省 2018 年生态系统服务总值相比，2030 年自然发展情景下，*ESV* 总值会减少 494.11 亿元，降幅达 11.60%。从生态服务功能方面看，所有服务功能均有不同程度的衰弱，维持生物多样性单项功能价值损耗最多，共减少79.35亿元；从土地利用类型角度分析，生态生产用地及生产生态用地的生态系统服务价值降低，而生态用地的生态系统服务价值增加。

表4-10 河南省2030年自然发展情景 *ESV* 单位：亿元

一级类型	二级类型	生产生态用地		生态生产用地		生态用地			合计
		农田	园地	森林	水库坑塘	草地	河流	荒漠	
供给服务	食物生产	211.83	0.85	17.66	1.46	7.62	2.73	0.00	242.14
	原材料生产	82.61	2.14	159.44	0.96	6.38	1.80	0.00	253.34
调节服务	气体调节	152.52	3.21	231.14	1.40	26.57	2.62	0.00	417.46
	气候调节	205.47	3.21	217.76	5.67	27.63	10.60	0.01	470.35
	水文调节	163.11	3.09	218.83	51.68	26.92	96.59	0.00	560.23
	废物处理	294.44	1.98	92.03	40.89	23.38	76.42	0.01	529.15
支持服务	保持土壤	311.39	3.49	215.08	1.13	39.68	2.11	0.01	572.89
	维持生物多样性	216.07	3.52	241.30	9.44	33.12	17.65	0.02	521.12
文化服务	提供美学景观	36.01	1.43	111.29	12.23	15.41	22.85	0.01	199.23
合计		1696.37		1629.40		440.14			3765.91

二、生态保护情景

通过表4-11可知，在生态保护情景下，*ESV* 总值减少485.98亿元，降幅达11.41%。降幅与"自然发展情景"相比较低，可见在生态保护用地条件的约束下，研究区的生态环境恶化有一定缓解。从生态服务功能方面看，所有服务功能均有不同程度的损失，维持生物多样性功能仍然损失最多，减少了77.39亿元，但比"自然发展情景"下多创造了1.96亿元的生态价值。从土地利用类型角度分析，生态生产用地及生产生态用地的生态系统服务价值降低，而生态用地的生态系统服务价值增加，相比"自然发展情景"生态用地多创造了2.86亿元的生态价值。

表 4-11　河南省 2030 年生态保护情景 *ESV*　　　　单位：亿元

一级类型	二级类型	生产生态用地		生态生产用地		生态用地			合计
		农田	园地	森林	水库坑塘	草地	河流	荒漠	
供给服务	食物生产	211.73	0.87	17.81	1.37	7.72	2.73	0.00	242.23
	原材料生产	82.58	2.19	160.81	0.91	6.46	1.80	0.00	254.76
调节服务	气体调节	152.45	3.28	233.12	1.32	26.94	2.62	0.00	419.74
	气候调节	205.38	3.28	219.63	5.33	28.01	10.60	0.01	472.25
	水文调节	163.04	3.17	220.71	48.60	27.30	96.59	0.00	559.40
	废物处理	294.31	2.03	92.82	38.45	23.70	76.42	0.01	527.74
支持服务	保持土壤	311.25	3.58	216.93	1.06	40.22	2.11	0.01	575.16
	维持生物多样性	215.97	3.60	243.38	8.88	33.58	17.65	0.02	523.08
文化服务	提供美学景观	35.99	1.47	112.24	11.50	15.62	22.85	0.01	199.68
合计		1696.17		1634.87		443.00			3774.04

三、耕地保护情景

通过表 4-12 可知，在耕地保护情景下，*ESV* 总值减少 480.87 亿元，降幅达 11.28%。降幅为 3 个情景中最低的，在耕地保护情景下，与 2018 年相比研究区的生态环境损失最小。从生态服务功能方面看，各项单项功能的降幅相比也较小。从土地利用类型角度分析，耕地保护情景下生态用地的生态系统服务总值相较其他两种情景更高，而其总值较高的主要原因是生产生态用地的生态系统服务总值相较其他两种情景贡献较大。究其根本，由于限制耕地向其他地类转换，有效避免了建设用地等地类的扩张对于耕地的挤压，保留了大部分生产生态用地的生态系统服务价值。

表 4-12　河南省 2030 年耕地保护情景 *ESV*　　　　单位：亿元

一级类型	二级类型	生产生态用地		生态生产用地		生态用地			合计
		农田	园地	森林	水库坑塘	草地	河流	荒漠	
供给服务	食物生产	217.24	0.82	17.50	1.34	7.45	2.73	0.00	247.07
	原材料生产	84.72	2.08	157.99	0.88	6.24	1.80	0.00	253.72

一级类型	二级类型	生产生态用地		生态生产用地		生态用地			合计
		农田	园地	森林	水库坑塘	草地	河流	荒漠	
调节服务	气体调节	156.41	3.11	229.04	1.28	25.99	2.62	0.00	418.46
	气候调节	210.72	3.11	215.78	5.19	27.03	10.60	0.01	472.44
	水文调节	167.27	3.00	216.85	47.29	26.33	96.59	0.00	557.33
	废物处理	301.96	1.92	91.19	37.42	22.87	76.42	0.01	531.78
支持服务	保持土壤	319.34	3.39	213.13	1.03	38.81	2.11	0.01	577.82
	维持生物多样性	221.58	3.41	239.11	8.64	32.40	17.65	0.02	522.82
文化服务	提供美学景观	36.93	1.39	110.28	11.19	15.07	22.85	0.01	197.72
合计		1738.40		1605.14		435.61			3779.15

根据 PLUS 模型模拟结果可以看出，2030 年自然发展情景与生态保护情景下的生活生产用地都呈现较明显的扩张趋势，生活生产用地辐射扩张的趋势在未来十几年里依然稳定。在耕地保护情景下，由于限制耕地向其他地类发生转换，有效地避免了城镇化扩张对于耕地资源的侵占，生活生产用地的持续扩张得到抑制。2030 年 3 种情景中的生态系统服务总值都呈不同幅度的下降，其中自然发展情景下，*ESV* 总值减少最多，共减少 494.11 亿元，降幅达 11.60%；耕地保护情景下，*ESV* 总值减少最少，共减少 480.87 亿元，降幅达 11.28%。研究结果也表明，未来河南省应注重耕地与生态环境的保护并重，并着重关注省内耕地与建设用地的土地资源转换。

参考文献

［1］陈俊成，李天宏. 中国生态系统服务功能价值空间差异变化分析［J］. 北京大学学报（自然科学版），2019，55（5）：951-960，54.

［2］戴文远，江方奇，黄万里，等. 基于"三生空间"的土地利用功能转型及生态服务价值研究：以福州新区为例［J］. 自然资源学

报，2018，33（12）：2098-2109.

　　[3] 欧惠，陈娟，戴文远．平潭岛"三生空间"格局演变与生态系统服务研究 [J]．云南地理环境研究，2019，31（6）：30-38，45.

　　[4] 谢高地，甄霖，鲁春霞，等．一个基于专家知识的生态系统服务价值化方法 [J]．自然资源学报，2008，23（5）：911-919.

　　[5] 乔斌，祝存兄，曹晓云，等．格网尺度下青海玛多县土地利用及生态系统服务价值空间自相关分析 [J]．应用生态学报，2020，31（5）：1660-1672.

　　[6] WANG J F, LI X H, CHRISTAKOS G, et al. Geographical detectors-based health risk assessment and its application in the neural tube defects study of the Heshun Region，China [J]. International Journal of Geographical Information Science，2010，24（1）：107-127.

　　[7] WANG J F, HU Y. Environmental health risk detection with Geog-Detector [J]. Environmental Modelling & Software，2012（33）：114-115.

　　[8] 王劲峰，徐成东．地理探测器：原理与展望 [J]．地理学报，2017，72（1）：116-134.

　　[9] 黄木易，方斌，岳文泽，等．近20年来巢湖流域生态服务价值空间分异机制的地理探测 [J]．地理研究，2019，38（11）：2790-2803.

第五章

景观格局变化特征与模拟

第一节　土地利用景观分类与指标的选取

一、土地景观分类

　　景观分类是指基于研究区不同景观类型的显著异质性对其进行分类的方法，其分类的主要依据就是各景观所具备的异质性和等级特征。目前，景观分类还没有统一的标准体系，主要是因为不同的研究者出于不同的研究目的和角度，对景观的定义理解不同，所以对于景观的分类也就不同。

　　研究区域景观类型的划分一般依据其土地利用类型的分类。本书以《国家土地利用现状分类标准》为依据，根据研究区土地利用现状与研究目标，将研究区域土地利用类型主要分为耕地、林地、草地、水域、建设用地和未利用地等6大类，如表5-1所示。

表5-1　景观类型分类

景观类型	内容及特征
耕地	水田和旱地
林地	有林地、灌木林地、疏林地及其他林地
草地	高覆盖度草地、中覆盖度草地、低覆盖度草地

景观类型	内容及特征
水域	河渠、湖泊、水库坑塘、滩涂
建设用地	城镇用地、农村居民点用地、工矿用地及其他建设用地
未利用地	基本无植被的荒地

二、景观类型转移矩阵

通过对景观类型图进行叠合分析，建立景观类型转移矩阵，分析河南省 2000—2018 年景观类型变化情况（见表 5-2）。

表 5-2 河南省景观类型转移矩阵（2000—2018 年）单位：平方千米

年份		2018 年						
	景观类型	耕地	林地	草地	水域	建设用地	未利用地	2000 年总计
2000 年	耕地	96799.69	1408.59	585.74	1065.13	7944.52	6.41	107810.07
	林地	1272.36	25109.40	324.16	85.51	230.36	2.18	27023.97
	草地	838.09	375.70	7869.67	88.12	252.96	4.20	9428.76
	水域	566.76	75.15	33.73	2773.45	105.13	11.81	3566.03
	建设用地	4166.32	46.64	28.63	74.87	13171.75	0.05	17488.25
	未利用地	42.95	25.88	2.80	12.62	4.28	6.67	95.19
	2018 年总计	103686.17	27041.35	8844.74	4099.70	21709.00	31.32	165412.27

从景观类型的流出情况看，2000—2018 年，耕地景观发生变化的面积占 90%，主要流出为林地、建设用地、水域，分别占耕地景观流出总量的 1.3%、7.4% 和 0.9%，其中耕地转建设用地的面积最大，转移面积达 7944.52 平方千米；林地主要流出为耕地，面积为 1272.36 平方千米；草地与水域面积转移较少，总面积分别为 9428.76 平方千米、3566.03 平方千米。建设用地转移面积较大，主要由建设用地向耕地转移，即由对居民点用地进行土地复垦而使耕地面积增加；而未利用地转移面积最小。

从景观类型的流入情况分析看，2000—2018 年，耕地流入的主要来源为建设用地与林地，其中来源于建设用地的面积最大；林地、草地及水域流入的主要来源为耕地，面积分别为 1408.59 平方千米、585.74 平方千米与 1065.13 平方千米；建设用地中有 6.59% 主要来源于耕地，表明占用耕地是建设用地增加的主要原因；未利用地面积变化较小。

三、景观格局指数的选择与计算

景观格局指数方法主要应用于空间上非连续的类型变量数据，以描述空间异质性的特征，比较景观格局在时间或空间上的变化，多用于定量描述景观格局演变及其对生态过程的影响。本书运用 Fragstats 4.2 软件，计算景观生态指数。景观格局指数按景观指数的不同，分为斑块级别、类型级别和景观级别。斑块级别反映景观中单个斑块的结构特征，是计算其他级别指标的基础；类型级别反映景观中不同类型斑块各自的结构特征；景观级别则是反映整体景观结构的特征。目前描述景观格局的指数有很多，两个或多个景观指数之间存在一定的信息冗余，因此在参照前人研究的基础上，同时考虑到景观格局时空变化特征和景观生态安全研究等后续研究目的，本书从斑块类型水平和景观水平上选择常用的景观指数，从景观的数量、结构和形状等方面描述河南省不同的景观类型及整体景观空间格局的动态变化规律。

基于 ArcGIS 10.3 软件将 2000—2018 年河南省土地景观类型数据输出为 30 米×30 米的栅格数据，并导入 Fragstats 4.2 软件中，选择目标景观指数并设置好相应参数后进行景观指数的计算。根据 Fragstats 4.2 软件分析结果，得到 2000—2018 年河南省各景观类型的景观指数变化特征及景观水平上的景观格局指数变化特征。

（一）斑块类型

1. 景观面积（CA）

$$CA = a_{ij} \tag{5-1}$$

式（5-1）中，CA 表示研究区全部或同一类型的斑块面积；a 为斑块类型的总面积；i 表示某一类型。

2. 斑块类型百分比（PLAND）

$$PLAND = \frac{\sum\limits_{j=1}^{n} a_{ij}}{A} \times 100 \tag{5-2}$$

式（5-2）中，$PLAND$ 表示斑块占景观面积的比例，取值在 0～100，可以用来确定景观中的优势景观类型。当 $PLAND$ 接近 0 时，说明该类型景观在整体景观中十分稀少；当 $PLAND$ 趋于 100 时，说明整体景观中大多数为该类型。a_{ij} 为第 i 种类型第 j 个斑块面积；n 为 i 种类型景观的总斑块数；A 为景观整体面积。

3. 最大斑块指数（LPI）

$$LPI = \frac{\max\ (a_{ij})}{A} \times 100 \tag{5-3}$$

式（5-3）中，a_{ij} 为斑块 ij 的面积；A 为景观总面积。当每种景观类型中都只有一个斑块时，最大斑块指数取最大值 100%；当某种景观类型的最大斑块面积越小时，它的值越趋向于 0。该指数反映了最大斑块对整个景观类型或者景观的影响程度，其取值范围为（0，100）。

4. 周长—面积分维数（PAFRAC）

$$PAFRAC = \cfrac{2}{\cfrac{\left[N \sum\limits_{j=1}^{n} (\ln p_{ij} \times \ln a_{ij}) \right] - \left[\left(\sum\limits_{i=1}^{m} \sum\limits_{j=1}^{n} \ln p_{ij} \right) \left(\sum\limits_{i=1}^{m} \sum\limits_{j=1}^{n} \ln a_{ij} \right) \right]}{N \sum\limits_{i=1}^{m} \sum\limits_{j=1}^{n} \ln p_{ij}^{\ 2} - \left(\sum\limits_{i=1}^{m} \sum\limits_{j=1}^{n} \ln p_{ij} \right)^2}}$$

$$\tag{5-4}$$

式（5-4）中，a_{ij} 为斑块 ij 的面积；p_{ij} 为斑块 ij 的周长；N 为景观内斑块数量，其取值范围为［1，2］。

5. 聚集度（AI）

$$AI = \frac{g_{ij}}{\max g_{ij}} \times 100 \qquad (5-5)$$

式（5-5）中，$\max g_{ij}$ 为斑块类型达到最大聚集时同类相邻栅格的边数，出现于所有同类栅格汇合为一个紧凑图斑时。

6. 散布与并列指数（IJI）

$$IJI = \frac{-\sum_{k=1}^{m}\left[\dfrac{e_{ik}}{\sum\limits_{k=1}^{m} e_{ik}} \ln\left(\dfrac{e_{ik}}{\sum\limits_{k=1}^{m} e_{ik}}\right)\right]}{\ln(m-1)} \times 100 \qquad (5-6)$$

式（5-6）中，e_{ik} 表示斑块类型 i 与 k 相邻的总边缘长度；m 表示景观中斑块类型的总数目。其取值在 $0\sim100$ 时，可表达景观分散与聚集程度：当 IJI 较小时，表示景观聚集程度较高；当 IJI 较大时，表示景观分散度较高。

7. 连接性（COHESION）

$$COHESION = \left(1 - \frac{\sum_{j=1}^{n} p_{ij}}{\sum_{j=1}^{n} p_{ij}\sqrt{a_{ij}}}\right)\left(1 - \frac{1}{\sqrt{A}}\right) - 1 \times 100 \qquad (5-7)$$

式（5-7）中，p_{ij} 表示斑块 ij 的周长；a_{ij} 表示斑块 ij 的面积；A 表示某种景观总面积。

（二）景观水平

1. 斑块数目（NP）

描述整个景观要素的空间异质性和破碎度。

$$NP = n_i \qquad (5-8)$$

式（5-8）中，n_i 为斑块类型 i 的斑块数目，其取值范围为 $NP \geqslant 1$。当 $NP = 1$ 时，该景观类型在整个景观中只有一个斑块。NP 值越大，破碎度越高；反之，破碎度越低。

2. 斑块密度（PD）

$$PD = \frac{NP}{A} \tag{5-9}$$

式（5-9）中，NP 表示斑块数量；A 表示斑块面积，其单位为平方千米。

3. 相似毗邻百分比（PLADJ）

$$PLADJ = \left(\frac{\sum_{i=1}^{m} g_{ii}}{\sum_{i=1}^{m} \sum_{k=1}^{m} g_{ik}} \right) \times 100 \tag{5-10}$$

式（5-10）中，g_{ii} 为基于双倍法的斑块类型 i 与斑块类型 i 之间的节点数；g_{ik} 为基于双倍法的斑块类型 i 与斑块类型 k 之间的节点数，其单位为%。

4. 香农多样性指数（SHDI）

反映景观类型的多少和所占比例的变化，揭示景观的复杂程度和异质性，描述各种斑块类型的非均衡性分布。

$$SHDI = - \sum_{i=1}^{m} (P_i \times \ln P_i) \tag{5-11}$$

式（5-11）中，P_i 为景观类型 i 所占的面积比例；m 为研究区景观类型的总数。其取值范围为大于等于 0。当 $SHDI = 0$ 时，表明所有景观仅由一个斑块构成；当 $SHDI = 1$ 时，表明景观中各种斑块面积比重相等。$SHDI$ 值的增大，说明景观斑块类型增加或各斑块类型在景观中呈均衡化分布态势。

5. 香农均匀度指数（SHEI）

$$SHEI = - \frac{\sum_{i=1}^{m} (P_i \times \ln P_i)}{\ln m} \tag{5-12}$$

式（5-12）中，P_i 为景观类型 i 所占的面积比例；m 为研究区景观类型的总数。*SHEI* 的取值范围在 0 和 1 之间。其值越小，表明景观受一种或几种优势类型所支配的趋势越强；其值越大，表明景观中的各种斑块类型分布比较均匀，优势度越低。

6. 景观蔓延度（CONTAG）

$$CONTAG = (1 + \sum_{i=1}^{n} \sum_{j=1}^{n} \frac{R_i k_{ij} \ln(k_{ij})}{2\ln(n)}) \times 100 \qquad (5-13)$$

式（5-13）中，n 为斑块数量；R_i 为 i 种景观类型斑块所占的比例；k_{ij} 为随机选择两个相邻栅格单元属于 i 和 j 类型的概率。

第二节　景观格局变化分析

一、斑块类型上的景观格局变化分析

采用 ArcGIS 10.3 软件对 5 期河南省土地利用数据进行预处理，借助景观分析软件 Fragstats 4.2 求所选的景观指数，继而对各时间段、各土地类型的景观指数进行定量描述，如表5-3所示。

表5-3　河南省景观类型景观指数变化

景观类型	年份	*CA*	*PLAND*	*LPI*	*PAFRAC*	*AI*	*IJI*	*COHESION*
耕地	2000	10791973.53	65.1540	19.8429	1.4004	97.8703	70.1153	99.9799
	2005	10690677.45	64.5425	19.0600	1.3995	97.8382	70.0718	99.9792
	2010	10595179.62	63.9630	18.7646	1.2958	97.7719	69.5625	99.9787
	2015	10620224.91	64.1172	22.2913	1.4012	97.7800	66.8178	99.9806
	2018	10380682.35	62.6691	31.4648	1.4263	97.6253	65.5842	99.9844
林地	2000	2707461.81	16.3457	7.5904	1.3759	97.8014	56.9691	99.9196
	2005	2703353.04	16.3209	7.5903	1.3756	97.7998	57.4456	99.9196
	2010	2696406.93	16.2782	7.8038	1.3196	97.7606	55.5828	99.9263
	2015	2720569.68	16.4248	7.2190	1.3377	97.9238	61.0650	99.9215
	2018	2708491.32	16.3514	7.5227	1.3825	97.8582	60.4413	99.9292

续表

景观类型	年份	*CA*	*PLAND*	*LPI*	*PAFRAC*	*AI*	*IJI*	*COHESION*
草地	2000	945262.4400	5.7068	0.3442	1.4329	93.9345	51.4619	99.3627
	2005	405658.1700	5.6726	0.3439	1.4337	93.9031	52.2866	99.3618
	2010	940140.6300	5.6756	0.3437	1.3739	93.9051	52.7055	99.3662
	2015	887714.7300	5.3594	0.3393	1.4247	93.9059	56.6237	99.2350
	2018	885863.1600	5.3480	0.3375	1.4676	93.8994	57.9909	99.2298
水域	2000	359792.8200	2.1722	0.2583	1.5804	91.9402	48.4249	99.5839
	2005	405658.1700	2.4491	0.3255	1.5763	92.5123	49.3615	99.6237
	2010	410604.6600	2.4788	0.3533	1.4399	92.5937	48.9957	99.6261
	2015	405041.0400	2.4453	0.3806	1.5611	92.4260	47.5275	99.6223
	2018	414298.1700	2.5012	0.2605	1.5809	92.4586	48.9416	99.5940
建设用地	2000	1749617.19	10.5629	0.0989	1.2474	92.1330	9.4199	95.6319
	2005	1817719.11	10.9741	0.1663	1.2551	92.3606	9.9562	96.1249
	2010	1916528.40	11.5701	0.1941	1.2644	92.5174	10.1020	96.6411
	2015	1927385.73	11.6361	0.2524	1.2934	92.1507	12.0802	96.3895
	2018	2171753.37	13.1111	0.3286	1.3075	92.5172	13.5682	96.9564
未利用地	2000	9674.6400	0.0584	0.0095	1.2429	93.6558	82.4591	96.8101
	2005	6776.2800	0.0409	0.0050	1.2749	92.0472	81.7332	95.9668
	2010	5689.9800	0.0344	0.0050	1.2356	93.8408	80.5643	96.9361
	2015	2842.4700	0.0172	0.0016	1.3052	86.9304	74.2226	93.1512
	2018	3178.6200	0.0192	0.0023	1.2799	93.2664	88.3945	96.3539

最大斑块指数是一种简单度量优势度的指数，主要用于确定景观的模地或优势类型等。研究期间，耕地的最大斑块指数值远大于其他类型，说明耕地景观是研究区域的优势景观，控制着研究区的景观整体结构、功能和动态过程。总的来说，研究区的景观格局是以耕地景观为主，林地、草地、水域、建设用地、未利用地分布其中的景观格局，这一景观格局特征与研究区的地理位置、自然条件、生态环境建设、城市化进程、农业结构等相关。周长—面积分维数是反映斑块形状复杂程度的一项指标，一定程度上能够反映人类活动干扰程度，取值范围为

[1,2]。研究期间，各土地利用类型的相似毗邻百分比数值整体变化较小且呈现减少趋势，表明随着各景观用地在扩张或缩小的过程中，斑块形状趋于简单边缘化，受人为干扰加深。研究期内，林地、草地和建设用地的散布与并列指数均有所增加，表明这些景观类型的斑块和其他景观类型的相邻程度增加，比邻概率较高；耕地、水域、未利用地的散布与并列指数呈现减小的趋势，表明这些景观类型斑块与其他景观类型间的连通性有所降低。

二、景观水平上的景观格局变化分析

河南省 2000—2018 年景观指数特征变化，结果如表 5-4 所示。由表 5-4 可知，河南省斑块数目（NP）、斑块密度（PD）、相似毗邻百分比（PLADJ）、香农多样性指数（SHDI）、香农均匀度指数（SHEI）、景观蔓延度（CONTAG）在时间序列上呈现一定范围的波动。

表 5-4　2000—2018 年河南省景观水平上的景观格局变化指数

年份	NP	PD	PLADJ	SHDI	SHEI	CONTAG
2000	114334.00	0.6903	96.8833	1.0636	0.5936	65.9479
2005	113890.00	0.6876	96.8610	1.0778	0.6015	65.5144
2010	123409.00	0.7450	96.7991	1.0881	0.6073	65.1503
2015	120068.00	0.7249	96.7944	1.0810	0.6033	65.3664
2018	122736.00	0.7410	96.6505	1.1058	0.6172	64.4928

由表 5-4 可以看出，研究区 2000—2018 年的多样性指数整体呈增加趋势，说明该区域各景观类型在景观格局中呈现均衡化的分布态势，景观异质性增强。香农均匀度指数由 2000 年的 0.5936 增加到 2018 年的 0.6172，表明该时段内各景观类型在空间分布上的均匀度有所增加，究其原因，研究区受长时间的自然因素及人类干扰活动的影响，生态环境问题突出。国家采取一系列土地整治和生态保护等干预措施，人们的

生态环境保护意识不断增强，使得土地利用景观类型不断朝着多样化和均匀化等良性方向发展。

2000—2018 年，斑块数目呈现先增加后减少的趋势，从 2000 年的 114334 增加到 2010 年的 123409，而后又下降到 2018 年的 122736。这表明 2000—2018 年区域景观破碎化现象严重，但之后受国家土地政策的影响，区域整体景观逐渐规整化。

第三节 土地利用变化情景模拟

一、模拟模型构建

（一）数据准备

由于 PLUS 软件只支持"Unsigned Char"格式的土地利用数据，因此首先使用软件中的"Convert LULCs Data to Unsigned Char Format"模块将 2000 年、2015 年两年 TIF 格式的河南省土地利用数据转换为适用的"Unsigned Char"格式。需要额外注意，在此过程中要保证土地利用数据的分类编号从"1"开始，同时所有年份的土地利用数据的行列数必须保持一致。

考虑到 30 米精度相关数据较难获取及所选因子的典型性，本书驱动因素选取了高程，坡度，到一、二、三级道路距离，到铁路距离，到主要河流距离，到县级行政中心距离几个代表性指标。其中，到铁路距离、到主要河流距离、到县级行政中心距离，以及到一、二、三级道路距离这几类可达性驱动因子的处理，主要通过 ArcGIS 10.3 软件中的欧氏距离工具缓冲分析生成，如表 5-5 所示。

表 5-5　模型所用数据列表

类型	数据	描述
土地利用数据	研究区 2000 年土地利用数据	1. 耕地；2. 园地；3. 林地；4. 河流；5. 水库坑塘；6. 草地；7. 未利用地；8. 建设用地
	研究区 2015 年土地利用数据	
限制转换区域数据	土地利用限制因素	水源保护地
社会经济数据	到铁路距离	距道路越近，人类活动影响越大
	到一级道路距离	
	到二级道路距离	
	到三级道路距离	
	到县级行政中心距离	行政中心具有一定辐射范围，越靠近行政中心，受人类活动影响越大
自然环境数据	高程	地形因素通过影响研究区水流和热量的分配，从而影响土地利用情况，不同的地形因子对于不同的土地利用类型影响不一
	坡度	
	到主要河流距离	

（二）土地利用扩张及发展概率图集

利用 PLUS 模型中的"Extract Land Expansion"工具，以河南省 2000 年土地利用数据为基期数据，以 2015 年土地利用数据为末期数据，即可获取 15 年间各土地利用变化的生长图斑。在 LEAS 模块中输入提取好的土地利用扩张数据及前期处理好的各类驱动因子，通过挖掘某一类土地利用类型扩张和驱动因素之间的关系，便可得到河南省各类用地发展概率情况。

（三）多类随机斑块种子的 CA 参数设置

模拟多种土地利用类型的斑块演化主要是在 CARS 模块进行，所有情景下的土地利用变化动态模拟都遵循上述土地利用类型转换规则，然而土地利用格局的演变不仅要考虑驱动因子的影响，也应该将土地利用演变的限制区域考虑进来。由于认为水域用地一般不发生改变，因此本书将水域用地设置为限制发展区域。将 2000 年土地利用数据中的水域用地设置为 0，允许土地利用类型发生变化的地类设置为 1，以此将限制区域处理为二值化栅格图格式。除此之外，不同的情景也分别受到特定的约束。具体参数设置如图 5-1 所示。

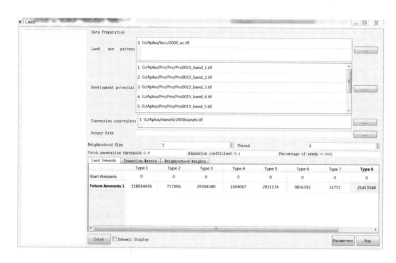

图 5-1　CARS 模块参数设置

如图 5-1 所示，在模块中依次输入基期土地利用数据、用地的发展概率图集和限制发展区域，设定好保存路径后开始模拟参数的设定。"Neighborhood Size" 是邻域范围，默认值为 3；"Patch Generation" 是递减阈值的衰减系数，取值范围 0~1，越接近 1 表明转换策略越保守，用地类型越不容易发生转换；"Expansion Coefficient" 是随机斑块种子的概率，取值在 0~1，该值越大表明产生新的斑块的能力越强。

在 "Land Demands" 选项中，在验证阶段输入目标年份即各类用地的实际数据，在预测阶段输入 Markov 链或其他模型预测生成的数据。传统的 Markov 模型仅支持土地利用变化的数量预测，忽视了其空间格局特征。因此，通常将其与具有模拟复杂系统时空变化能力的 CA 模型结合，综合土地利用类型的定量预测和空间分布模拟，能够有效地模拟土地利用格局的时空演化。本书采用 Markov 模型，根据 2000—2015 年土地利用转移概率，并假设相同间隔年限的土地利用变化速率不变，以 2015 年土地利用为基期数据，对研究区 2030 年土地利用需求进行模拟预测，得到其土地利用目标栅格数（见图5-2）。

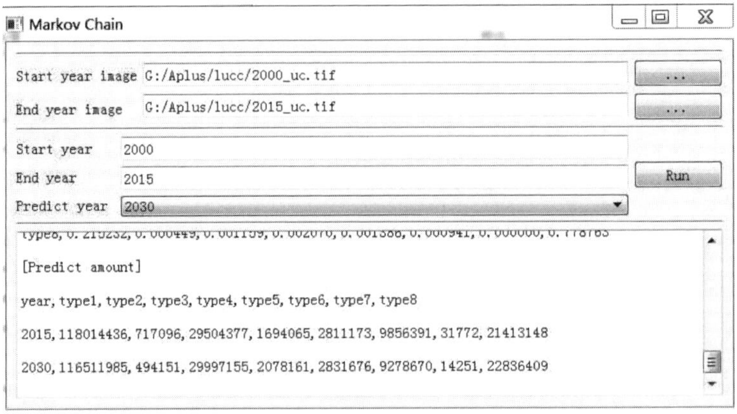

图 5-2　基于 Markov 的土地利用需求模拟预测

在"Transition Matrix"选项中，行表示末期年份土地利用类型，列表示基期年份土地利用类型；"1"表示允许其向其他地类转换，"0"则表示禁止其向其他地类转换。这里需要注意，不同情景下，转化规则的设置也不同（见图5-3）。

（1）自然发展情景

（2）生态保护情景

图 5-3　不同情景转换规则设定

Land Demands	Transtion Matrix	Neighborhood Weights						
	Type 1	Type 2	Type 3	Type 4	Type 5	Type 6	Type 7	**Type 8**
Type 1	1	1	1	1	1	1	1	1
Type 2	0	1	1	0	0	1	0	0
Type 3	0	1	1	0	0	1	0	0
Type 4	1	1	1	1	1	1	1	1
Type 5	1	1	1	1	1	1	1	1
Type 6	0	1	1	0	0	1	0	0
Type 7	1	1	1	1	1	1	1	1
Type 8	1	1	1	1	1	1	1	1

（3）耕地保护情景

图 5-3　不同情景转换规则设定（续）

自然发展情景下（情景 1）的土地利用变化遵循河南省 15 年间的演变模式，因此设定每种地类都允许向其他用地类型转换。

生态保护情景（情景 2）响应黄河流域生态保护和高质量发展国家级战略，重视对生态用地的保护，因此设定林地、草地、园地等生态价值较高的地类禁止向其他地类转换，但允许其他地类向该类用地转入，同时也允许此类用地之间进行转换。

耕地保护情景（情景 3）坚持以保护耕地特别是基本农田为重点，进一步强化对基本农田的保护和管理，推进耕地保护由单纯数量保护向数量、质量和生态全面管护转变，而且河南省的粮食生产能力对省内乃至全国的粮食安全都十分关键。因此，在耕地保护情景下，禁止耕地用地向其他用地类型转换，但允许其他地类向耕地用地转入，以保证河南省及黄淮海平原耕地数量的稳定。

在 "Weights" 选项中，主要是对各用地类型的邻域权重进行设置。各土地利用类型之间发生转化的难易程度受人为活动和自然环境的不同影响而不同，可以通过对应的邻域权重参数反映。邻域权重参数的取值范围是 0~1，值越接近 1，表示该土地利用类型的稳定性越高，发生转移的能力越弱。在具体对各类土地利用类型进行邻域权重设置时，一般根据专家知识的经验填写，本书根据各用地类型扩张面积的占比进行计算，具体参数设置如图 5-4 所示。

Weights	Transition Matrix	Land Demands							
	Type 1	Type 2	Type 3	Type 4	Type 5	Type 6	Type 7	Type 8	Type 9
Weights	0.351646	0.008357	0.014844	0.068136	0.079267	0.008130	0.000040	0.006118	0.463462

图 5-4　各土地利用类型邻域权重设置

二、模拟精度验证

（一）数量精度验证

将 2015 年的土地利用模拟结果导入 ArcGIS 10.3 中，通过统计各类用地像元数计算得出各类用地面积，与 2015 年实际土地利用数据做对比，3 种情景下的具体模拟结果如表 5-6 和表 5-7 所示。

表 5-6　2015 年河南省模拟面积与实际面积对比　单位：平方千米

	生产生态用地	生态生产用地	生态用地	生活生产用地
情景 1	107096.97	27689.21	11734.21	19117.84
情景 2	107182.49	27761.67	12074.42	18619.64
情景 3	110601.67	26922.41	11685.16	16428.99
实际	106858.38	28078.60	11429.40	19271.83

表 5-7　不同情景模拟结果误差

	面积差/平方千米			误差/%		
	情景 1	情景 2	情景 3	情景 1	情景 2	情景 3
生产生态用地	238.59	324.11	3743.29	0.22	0.30	3.38
生态生产用地	−389.40	−316.93	−1156.19	−1.41	−1.14	−4.29
生态用地	304.80	645.02	255.75	2.60	5.34	2.19
生活生产用地	−154.00	−652.19	−2842.85	−0.81	−3.50	−17.30

由表 5-6、表 5-7 可看出，从各类土地利用数量模拟来看，大部分地类准确率可达到 95% 以上。对比 3 种情景，可发现自然保护情景下研究区整体用地类型的数量变化最接近 2015 年的真实数据，整体

误差最小。

（二）空间精度验证

虽然通过对比 2015 年河南省实际土地利用情况和模拟土地利用情况（见表 5-6、表 5-7）可以清楚地看出，不同情景下模拟结果与真实数据的土地利用类型在空间分布上均保持较高的一致性，但为了进一步确定模拟结果的科学性，还需利用 Kappa 系数对模拟结果进行定量评价。

Kappa 一致性检验：一般用来对模型处理结果的精度进行验证，检验结果通过 Kappa 系数表示。Kappa 系数是用来预测结果精度的指标，其检验过程基于混淆矩阵，计算公式如下：

$$Kappa = \frac{p_o - p_e}{1 - p_e} \tag{5-14}$$

$$p_o = a_1 + a_2 + a_3 + \cdots + a_c \tag{5-15}$$

$$p_e = b_1 \times d_1 + b_2 \times d_2 + \cdots + b_c \times d_c \tag{5-16}$$

其中，p_o、p_e 分别为总体模拟精度和理论模拟精度；a_1 至 a_c 分别为每类用地模拟的正确百分比；b_1 至 b_c 表示预测时刻每类用地类型的百分比；d_1 至 d_c 为实际每类用地的百分比。Kappa 系数的值介于 0~1，一般来说，当 Kappa 系数阈值在 0~0.2 时，精度较低；系数阈值在 0.2~0.4 时，精度一般；系数阈值在 0.4~0.6 时，精度中等；系数阈值在 0.6~0.8 时，精度较高；系数阈值在 0.8~1.0 时，精度最高。

表 5-8 显示，3 种情景下 Kappa 系数均大于 0.80，生态保护情景下达到最大值 0.854，这说明 PLUS 软件的模拟结果与真实的 2015 年土地利用数据一致性较高，PLUS 模型完全满足模拟所需的精度要求。

表 5-8 不同情景下模拟精度验证

	情景 1	情景 2	情景 3
Kappa 系数	0.852	0.854	0.847

三、模拟结果分析

从 2015 年模拟结果可看出，PLUS 模型在数量和空间上皆通过了精度验证。因此，可利用该模型进一步预测研究区 2030 年的土地利用空间格局。以 2015 年土地利用数据为基期数据，设定驱动因子数据和限制性区域，运用 CARS 模块继续对 2030 年土地利用数据进行预测，并分别设定自然发展情景、生态保护情景和耕地保护情景 3 种情景模式，最终得到模拟结果如表 5-9、图 5-5 所示。

表 5-9　河南省 2030 年不同情景土地利用模拟面积　单位：平方千米

用地类型	生产生态用地	生态生产用地	生态用地	生活生产用地
情景 1	105537.81	28202.05	11345.59	20552.77
情景 2	105505.91	28328.03	11468.01	20336.27
情景 3	108196.87	27816.87	11154.12	18470.37

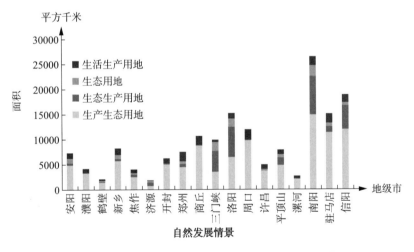

图 5-5　河南省 2030 年不同情景下土地利用预测

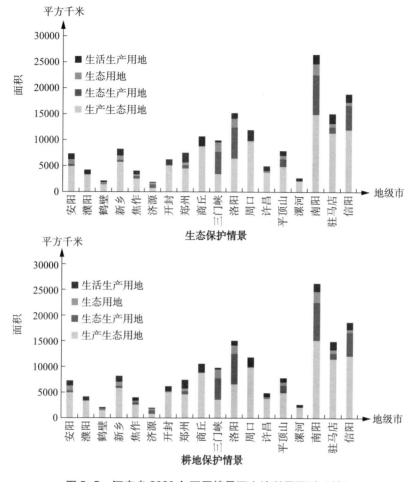

图 5-5　河南省 2030 年不同情景下土地利用预测（续）

通过对表 5-9 和图 5-5 的分析可知，3 种情景下各类用地类型在数量和空间上相差不大，尤其是在不同地市之间看不出太明显的变化。但与 2015 年相比，除了耕地保护情景外，自然发展情景和生态保护情景下的生活生产用地都呈较明显的增加趋势，这说明若不加干预，生活生产用地辐射扩张的趋势在未来十几年里仍得不到遏制，且生活生产用地仍以占用耕地为主要扩张形式。

第六章

景观生态安全评价

第一节　景观生态安全评价模型构建

一、评价单元划分

为优化景观生态安全评价效果及空间分异特征的有效呈现，应结合研究目的和研究区特性划分评价单元。目前已有研究大多以平均斑块面积的 2~5 倍来确定评价单元，该方法存在较大的人为主观性，可能导致选取的评价单元有大有小，最终的景观生态安全评价结果也存在差异。为消除评价单元大小对评价结果的干扰，本书通过 Fragstats 4.2 软件测试不同评价单元大小景观格局指数的空间分布，发现当评价单元为 4 千米×4 千米的网格时，能较好地反映景观指数的空间变化且空间信息损失度较小。因此，最终将研究区域划分为 4 千米×4 千米，共计 10843 个评价单元，计算每个评价单元内的景观生态安全指数，进而得到 2000—2018 年河南省景观生态安全的空间分布情况。

二、模型构建

（一）景观格局安全指数

本书在相关研究的基础上，充分考虑河南省的特点，构建景观生态风险指数 LSER（LandScape Ecological Risk），其计算公式为：

$$I_i = a \cdot PD_i + b \cdot ED_i + c \cdot D_i + d \cdot S_i \qquad (6\text{-}1)$$

$$LSER_i = I_i \cdot V_i \qquad (6\text{-}2)$$

式（6-1）和式（6-2）中，$LSER_i$ 为采样区单元中第 i 类景观的生态风险指数；I_i 为第 i 类景观的干扰度；PD_i 为采样区单元中第 i 类景观的斑块密度；ED_i 为第 i 类景观的边缘密度；D_i 为第 i 类景观的分离度；S_i 为第 i 类景观的优势度；a、b、c、d 分别为各指数对应的权重，采用层次分析法确定相应的数值为 0.35、0.28、0.21、0.16；V_i 为第 i 类景观的脆弱度。由于各指数的量纲不同，采用极差法对其标准化后进行计算。

景观格局安全指数 LPS（Landscape Pattern Security）是景观生态风险指数的倒数，其计算公式为：

$$LPS = \sum_{i=1}^{n} \frac{TA_i}{TA}(1 - LSER_i) \qquad (6\text{-}3)$$

式（6-3）中，TA 为采样单元的面积；TA_i 为采样单元中第 i 类景观的面积。

1. 斑块密度

见第五章公式（5-9）。

2. 边缘密度

边缘密度反映物质、能量等交换能力及相互影响程度，可表示整体的复杂程度，是破碎化的直接表征。数值越高，单位面积内斑块类型的周长越大，表明斑块被切割程度越大，破碎化程度越高。

$$ED = \frac{E}{A} \times 10^6 \qquad (6\text{-}4)$$

式（6-4）中，E 为景观周长；A 为景观总面积。

3. 景观分离度

该景观指数表示不同景观在景观空间格局上的分离程度。该值越大，表明斑块越分散，斑块间的距离越大，景观斑块分布越烦琐。

$$C_i = \frac{N_i}{A} \tag{6-5}$$

$$D_i = \sqrt{C_i}/2P_i \tag{6-6}$$

$$P_i = A_i/A \tag{6-7}$$

式（6-5）至式（6-7）中，D_i 为景观分离度；C_i 为景观类型距离指数；N_i 为景观类型 i 的斑块数量；A_i 为景观类型 i 的面积；P_i 表示第 i 类景观类型的相对盖度；A 为景观总面积。

4. 景观优势度

景观优势度能够揭示出某个地区某种或某些景观类型控制区域土地利用的水平。该景观指数值越大，表示该景观类型在该区域内主导地位越明显。

$$D_i = mL_i + nP_i \tag{6-8}$$

式（6-8）中，L_i 为景观类型相对密度，$L_i = N_i/N$，N 为景观斑块的总数量；P_i 为景观类型的相对盖度；m、n 为两者的权重，在优势度计算中认为相对盖度最为重要，其次为相对密度。因此，将权重分别取 0.6 和 0.4：$m=0.4$，$n=0.6$。

5. 景观脆弱度指数

景观脆弱度是景观类型受到外界干扰后景观自然属性抵御干扰的能力，反映受干扰后景观的变化程度。本书借鉴前人研究成果[1-2]，将景观脆弱性与景观类型相联系，首先对 6 种景观类型赋予不同的权重，以表征其脆弱程度。未利用地——6，水域——5，耕地——4，草地——3，林地——2，建设用地——1。其中，未利用地是自然演替最初发生的条件，最为敏感；其次是水域；而建设用地是人类活动最为密集的对象，其内部结构变化并不影响其整体性，最为稳定。经归一化得到各自景观脆弱度权重，然后依据式（6-9）计算景观脆弱度指数。

$$D_i = \frac{\sum_{i=1}^{n} k_i A_i}{A_i} \tag{6-9}$$

式（6-9）中，D_i 为景观脆弱度指数；k_i 为各景观类型脆弱度权重；A_i 为景观类型 i 的面积。

（二）生态质量指数

参考已有的研究，针对研究区域地形平坦、自然环境特点，采用生物丰度指数、植被覆盖度和生态系统服务价值构建生态质量指数 EQ（Ecological Quality），其计算公式为：

$$EQ = e \cdot BA + f \cdot VC + g \cdot ESV \tag{6-10}$$

式（6-10）中，BA 为采样单元的生物丰度指数；VC 为采样单元的植被覆盖度；ESV 为采样单元的生态系统服务价值；e、f、g 分别为各指数的权重，采用层次分析法确定相应的赋值分别为 0.25、0.25、0.50。其中，VC 通过 $NDVI$ 进行遥感估算，ESV 通过谢高地等的我国不同陆地生态服务价值表进行计算。采用极差法对各指标进行标准化，最终得到各采样单元的生态质量指数。

1. 生物丰度指数

生物丰度指数指通过单位面积上不同生态系统类型在生物物种数量上的差异，可间接地反映被评价区域内生物的丰贫程度。计算方法参照《生态环境状况评价技术规范》（HJ/T 192—2015），其计算公式为：

$$BA = A \times \left[\begin{array}{l} 0.35S_{林地} + 0.21S_{草地} + 0.28S_{水域} + \\ 0.11S_{耕地} + 0.04S_{建设用地} + 0.01S_{未利用地} \end{array} \right] / 区域面积$$

$$\tag{6-11}$$

式（6-11）中，BA 为生物丰度指数，A 为生物丰度指数归一化系数，其参考值为 $A = 511.3$。$S_{耕地}$、$S_{草地}$、$S_{水域}$、$S_{林地}$、$S_{建设用地}$、$S_{未利用地}$ 分别表示为耕地面积、草地面积、水域面积、林地面积、建设用地面积、未利用地面积。

2. 植被覆盖度

绿色植被不仅可以调节气候、净化空气、保持水土，同时也是生物重要的栖息场所和食物的主要来源，植被覆盖对于土地生态系统的稳定性至关重要。植被覆盖度的值越大，表明该区域生态系统的生态恢复能力越强，则土地利用景观安全值越大。植被覆盖是通过两个不同波段计算出来的。本书借助 ENVI4.7 软件，利用式（6-12）计算求出 *NDVI* 值，再利用式（6-13）求出研究区的植被覆盖度。其计算公式为：

$$NDVI = \frac{TM4 - TM3}{TM4 + TM3} \qquad (6-12)$$

$$VC = \frac{(NDVI - NDVI_{min}) \times 100}{NDVI_{max} - NDVI_{min}} \qquad (6-13)$$

式（6-12）和式（6-13）中，*VC* 为植被覆盖度；$NDVI_{max}$、$NDVI_{min}$ 分别代表最大、最小的归一化植被指数值，经过计算可得到河南省的植被覆盖度。

3. 生态系统服务价值

目前，生态系统服务价值的核算方法主要分为两类：一类是基于单位面积价值当量因子的方法，另一类是基于单位服务功能价格的方法。两种方法相比较而言，当量因子法较为直观简单，并且对于数据的需求量较低，为较多学者所采用。本书以研究区土地利用景观分类为基础，借鉴谢高地等在 Costanza 等研究的基础上得到的"中国生态系统服务价值当量因子表"和河南省实际情况来确定河南省不同景观类型生态服务价值当量因子[3-4]。其中，建设用地的价值当量因子为 0。不同景观类型生态服务价值当量见表 6-1。由于在网格化过程中，不同的评价单元大小存在差异，因此本书在计算过程中将各网格内单位面积生态服务价值量作为生态质量的评价指标。其计算公式如下：

$$ESV = \sum_{i=1}^{n} \sum_{j=1}^{m} A_i \times VC_{ij} \qquad (6-14)$$

$$UESV = ESV / TA \qquad (6-15)$$

式（6-14）和式（6-15）中，*ESV* 为研究区生态系统服务价值；*i*

为景观类型；j 为生态系统服务功能的类型；A_i 为第 i 种景观类型的面积；VC_{ij} 为第 i 种景观类型第 j 种生态服务价值的系数；$UESV$ 为单位面积生态系统服务价值；TA 为所有景观类型的总面积。

表 6-1　不同景观类型生态服务价值当量表

一级类型	二级类型	耕地	林地	草地	水域	建设用地	未利用地
调节服务	气候调节	0.97	4.07	1.56	2.06	0	0.13
	大气调节	0.72	4.32	1.50	0.51	0	0.06
	水源涵养	0.77	4.09	1.53	18.77	0	0.07
	废物处理	1.39	1.72	1.32	14.85	0	0.26
支持服务	土壤形成与保护	1.47	4.02	2.24	0.41	0	0.17
	生物多样性保护	1.02	4.51	1.87	3.43	0	0.40
供给服务	食物生产	1.00	0.33	0.43	0.53	0	0.02
	原材料	0.39	2.98	0.36	0.35	0	0.04
文化服务	娱乐文化	0.17	2.08	0.87	4.44	0	0.24
合计		7.90	28.12	11.68	45.35	0	1.39

（三）景观生态安全指数

景观生态安全指数能够直观体现干扰作用对景观尺度的最终影响结果，同时反映自然或人为引发的景观组改变及其生态环境影响。其计算公式为：

$$LSES = h \cdot LPS + k \cdot EQ \tag{6-16}$$

式（6-16）中，h、k 为景观格局安全指数和生态质量指数的权重。本书认为 LPS 与 EQ 同等重要，因此 h、k 均取 0.5。

第二节　景观生态安全时空演变过程

一、景观生态安全数据分布检验

在地理统计学分析中，克里金插值是建立在平稳假设的基础上，因此检验数据是否符合正态分布是进行克里金插值的前提。当数据不服从正态分布时，需要进行一定的数据转换（Box-Cox 变换、Log 变换、Arcsin 变换），使其服从正态分布。因此，在进行统计分析之前，检验数据的正态分布特点，对于认识和了解数据有着非常重要的意义。数据的正态分布检验可以通过直方图和正态 QQplot 分布图进行，通过对原始数据进行变换，发现 Log 变换后的数据更接近正态分布（见图 6-1）。由图 6-1 可知，直方图中的平均值和中值非常接近，正态 QQ 图上的大部分点落在参考线上或附近，表明研究期 5 期的景观生态安全值基本符合正态分布，可以进行半方差分析和克里金插值。

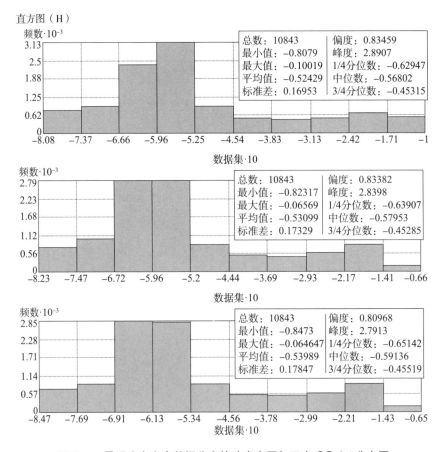

图 6-1　景观生态安全数据分布检验直方图与正态 QQplot 分布图

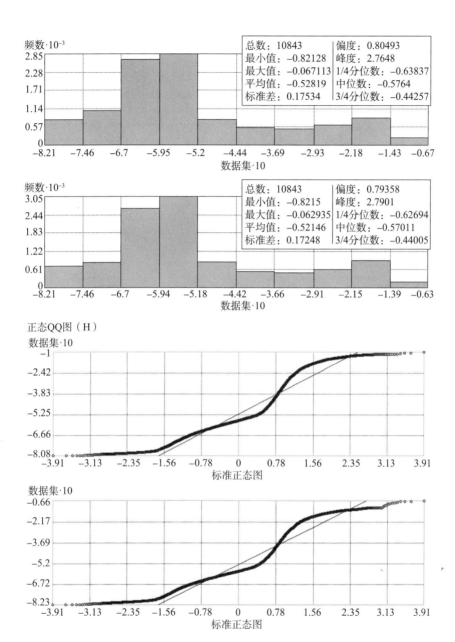

图 6-1 景观生态安全数据分布检验直方图与正态 QQplot 分布图（续）

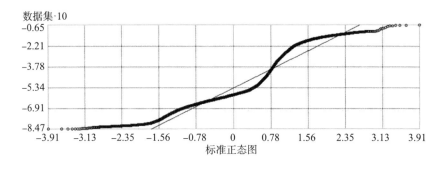

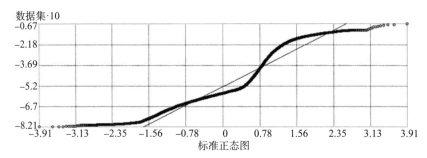

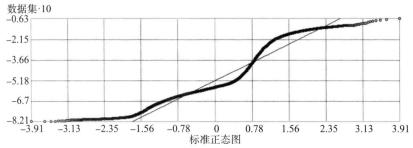

图 6-1　景观生态安全数据分布检验直方图与正态 QQplot 分布图（续）

二、景观生态安全半方差变异函数分析

半方差变异函数可以用来度量空间变量的结构性和随机性，在对景观生态安全指数进行克里金插值之前，需要从有效的空间取样数据中估计变异函数模型，常用的模型有球体模型、指数模型、高斯模型与线性模型。本书采用 GS+9.0 软件进行半方差变异函数拟合，各拟合参数见表 6-2。通过对比 4 个模型结果可以看出：2000—2018 年高斯模型拟合

效果最佳，决定系数分别为 0.999、0.981、0.999、0.997 和 0.998。空间异质性主要受结构性因素与非结构性因素影响，结构性因素主要是环境本身的属性（气温、降水、地形地貌等），而非结构性因素主要包括各种自然灾害以及人类活动等。偏基台值 C 表示结构因素引起的空间异质性变化，块金值 C_0 的大小表明景观格局变化受非结构性因素影响的程度，而块金值占基台值的比例 C_0/C_0+C 则用来研究非结构性因素在空间异质性研究中的相对重要程度。该值越大，表明非结构性因素对于地理要素空间分异的影响越大。2000—2018 年的 C_0/C_0+C 值均在 0.74 以上，呈现出中等空间相关性。C_0/C_0+C 的值有所减少，说明河南省生态安全受人为干扰活动的影响，随着城镇化进程的加快，对景观生态安全的时空变异状况起到了决定性作用。

表 6-2　2000—2018 年河南省景观生态指数半方差变异拟合参数

年份	模型	C_0	C_0+C	C_0/C_0+C	A_0	R_2	RSS
2000	线性	0.001508	0.006430	0.765	3.2766	0.992	3.815×10^{-8}
	球体	0.001330	0.010060	0.868	7.9780	0.988	6.084×10^{-8}
	指数	0.000790	0.012170	0.935	14.6430	0.978	1.083×10^{-7}
	高斯	0.002680	0.010670	0.749	7.0564	0.999	5.552×10^{-9}
2005	线性	0.000269	0.001248	0.785	3.2766	0.951	1.001×10^{-8}
	球体	0.000250	0.001670	0.850	6.5390	0.934	1.366×10^{-8}
	指数	0.000161	0.002502	0.936	16.1670	0.924	1.545×10^{-8}
	高斯	0.000522	0.002814	0.814	9.0604	0.981	3.835×10^{-9}
2010	线性	0.001952	0.008886	0.780	3.2766	0.992	7.890×10^{-8}
	球体	0.001710	0.013640	0.875	7.7290	0.987	1.282×10^{-7}
	指数	0.001020	0.017550	0.942	15.5040	0.978	2.108×10^{-7}
	高斯	0.003620	0.014860	0.756	7.0702	0.999	1.187×10^{-8}
2015	线性	0.001905	0.007923	0.760	3.2766	0.986	1.031×10^{-7}
	球体	0.001710	0.012340	0.861	7.9850	0.980	1.470×10^{-7}
	指数	0.001140	0.015810	0.928	16.1370	0.970	2.206×10^{-7}
	高斯	0.003390	0.014190	0.761	7.6054	0.997	2.032×10^{-8}

年份	模型	C_0	C_0+C	C_0/C_0+C	A_0	R_2	RSS
2018	线性	0.001882	0.007480	0.748	3.2766	0.988	$7.760×10^{-8}$
	球体	0.001690	0.011440	0.852	7.8430	0.982	$1.149×10^{-7}$
	指数	0.001140	0.014560	0.922	15.6690	0.972	$1.772×10^{-7}$
	高斯	0.003250	0.012840	0.747	7.3629	0.998	$1.541×10^{-8}$

三、景观生态安全时空演变特征

整体来看，河南省景观生态环境质量趋于稳步提高的状态，但景观生态总体处于敏感等级，质量亟待进一步提升。2000—2010 年，风险级、敏感级面积呈增加趋势，临界安全级、相对安全级和安全级有所减少。2010—2018 年，风险级、相对安全级面积比例减少，但相对安全级面积和临界安全级面积增加（见表 6-3）。这是由于该研究时段内，土地利用的重点由单纯确保耕地的数量转为确保耕地的数量与质量，通过实施土地整治政策，景观破碎化现象得到很大程度的改善，景观生态安全持续恶化的趋势有所缓解。其中，敏感级面积所占比例由 2000 年的 39.21%提高至 2010 年的 47.56%，增幅为 8.35%；临界安全级面积由 2000 年的 28.71%降低至 2010 年的 18.87%，降幅为 9.84%，景观破碎化现象日趋明显，区域景观生态安全趋于恶化。2000—2018 年，风险级、相对安全级、安全级面积比例较为稳定，敏感级面积由 2015 年的 70594.73 平方千米减少至 2018 年的 66347.06 平方千米，降幅为 2.51%；临界安全级面积则呈增加的态势，由 2010 年的 31251.08 平方千米增加到 2018 年的 44057.87 平方千米，变化较为明显；安全级面积由 2000 年的 14.50%增加到 2018 年的 15.46%，但所占比例较小，说明生态环境在逐渐改善，政策导向下的景观生态恢复与治理措施对于区域景观生态安全水平的提升有正向效应。整体来看，2000—2018 年风险级面积持续减少，安全级面积持续增加，表明区域景观生态安全状况在不断改善，生态安全水平在不断提高。

表 6-3　2000—2018 年河南省景观生态安全等级面积统计表

景观生态安全等级	2000 年		2005 年		2010 年		2015 年		2018 年	
	面积/平方千米	占比/%	面积/平方千米	占比/%	面积/平方千米	占比/%	面积/平方千米	占比/%	面积/平方千米	占比/%
风险级	9504.39	5.74	10808.75	6.53	12723.20	7.68	10780.45	6.51	9995.44	6.04
敏感级	65114.05	39.31	72940.66	44.04	78777.20	47.56	70594.73	42.62	66347.06	40.11
临界安全级	47549.33	28.71	38515.18	23.25	31251.08	18.87	40093.97	24.21	44057.87	26.63
相对安全级	19445.50	11.74	18840.47	11.37	18717.57	11.30	18953.38	11.44	19448.45	11.76
安全级	24024.56	14.50	24532.76	14.81	24176.45	14.60	25215.26	15.22	25575.06	15.46

基于上文地理统计学半方差变异函数理论模型拟合分析，选择最优模型的参数在 ArcGIS 10.3 软件中用克里金插值生成 2000 年、2005 年、2010 年、2015 年和 2018 年数据。为了更好地表达河南省景观生态安全状况，根据计算出的景观生态安全值大小分布特征及 5 期结果的平均值上下浮动相同百分点确定等级数目和临界点。本书将研究区的景观生态安全指数划分为 5 个等级：风险级（$0 \leqslant LSES \leqslant 0.47$）、敏感级（$0.47 < LSES \leqslant 0.56$）、临界安全级（$0.56 < LSES \leqslant 0.62$）、相对安全级（$0.62 < LSES \leqslant 0.74$）、安全级（$0.74 < LSES \leqslant 1$）。景观生态安全等级越高，表明生态环境越好；等级越低，表明生态环境越差。

河南省景观生态安全具有明显的规律性和异质性特征，研究期内主要以敏感级和临界安全级为主，期末面积占比达 40.11% 和 26.63%，风险级、相对安全级和安全级分布面积较小，期末占比仅为 6.04%、11.76% 和 15.46%。敏感级水平区域多位于开封、周口、商丘等地，区内主要以耕地为主，耕地的过度利用导致地表截流能力变弱，生物多样性和碳循环也有所改变。景观破碎化程度越发严重，景观结构稳定性降低，景观的生产和服务功能弱化，同时受建设用地挤占耕地及生态退耕政策的影响，耕地景观受胁迫的程度越发敏感，农业经济发展受到生态安全破坏的直接威胁，同时粗放落后的农业生产方式又加剧了生态系统的恶化。临界安全级和相对安全级主要分布于河南中部的洛阳、南阳、驻马店边界地带，该区域草地、林地零星分布，区域景观结构稳定性水平较高，景观的生态功能较强，受人类影响程度较小。安全级主要分布于西部洛阳、南阳和三门峡境内的山地地区，该区域以林地景观为主，区域海拔相对较高，水体资源丰富，人为干扰因素较少，景观结构稳定性较高，植被覆盖度高，生物存量丰富，生态系统服务水平较高，使得区域景观生态安全水平较高。

第三节 景观生态安全空间相关性分析

一、全局空间自相关

要对区域景观生态安全状况进行空间自相关分析，首先需要验证评价单元内景观生态安全水平是否在空间上存在相关关系，本书以样地生态安全指数为变量，利用 ArcGIS 10.3 软件对河南省 10843 个评价单元 5 期景观生态安全指数数据进行景观生态安全的空间关联分析，得到各个年份 Moran's I 的指数散点图，如图 6-2 所示。横纵坐标分别表示景观生态安全指数和空间滞后，斜率为全局自相关程度，即 Moran's I。结果显示，河南省 2000 年、2005 年、2010 年、2015 年、2018 年 5 期的 Moran's I 指数分别为 0.761、0.781、0.782、0.783 和 0.784，其值均为正值且通过 P=0.05 的显著性检验。景观生态安全指数的散点分布主要集中在第 1 象限（High-High）和第 3 象限（Low-Low），且散点大多靠近回归线。由此可以看出，河南省的景观生态安全指数在空间上具有较强的集聚效应，生态安全指数高的区域，周边区域的值亦高；生态安全指数低的区域，周边区域的值亦低。与此同时，Moran's I 指数的变化表明景观生态安全空间的相关程度在时间上存在明显的分异。2000—2015 年，Moran's I 指数呈现降低趋势，说明河南省生态安全的空间相关性有所减弱，空间趋同性逐渐降低。2015—2018 年，Moran's I 指数有所提升，表明研究区景观生态安全空间分布同聚现象越发明显。

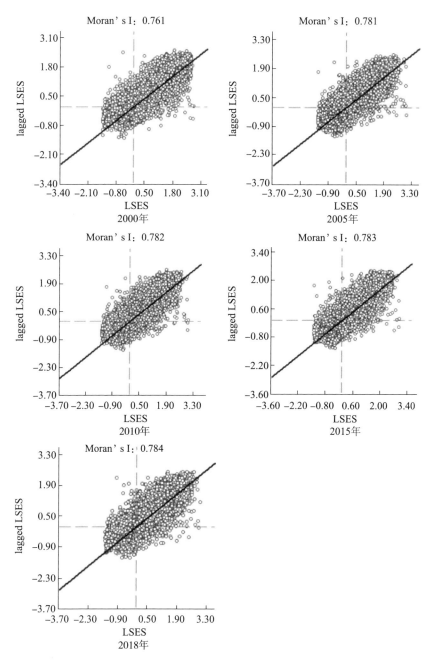

图 6-2　2000—2018 年河南省景观生态安全值 Moran's I 指数散点分布图

二、局部空间自相关

全域空间自相关指数可以检验整个区域某一要素的空间分布模式，但全局 Moran's I 指数不能用来测度相邻区域之间要素或属性的空间关联模式。因此，将局部空间自相关系数作为度量指标，反映在整个区域中某一地理要素与相邻局部小区域单元上同一要素的相关程度。本书在 ArcGIS 10.3 软件支持下，同样采用其空间统计模块下的聚类和异常值分析工具进行分析，以反映 2000—2018 年河南省景观生态安全指数在局部空间上的集聚格局。2000—2018 年河南省 10843 个样区的景观生态安全指数局部空间自相关聚类结果如图 6-3 所示。

由局部空间自相关聚类图可知，各时期河南省景观生态安全聚集区空间分布以 HH 聚类和 LL 聚类为主，低高或高低离散"奇异点"呈零星分布，集聚空间分布格局变化较为明显，但总体分布与景观生态安全度的分布基本一致，High-High 区主要分布在以高生态安全（相对安全级、安全级）为核心的区域，大多分布在豫西山地。该地区景观类型主要以林地为主，森林覆盖度高，景观生态功能优势明显，且地势较高，通达度低，人为活动干扰少。Low-Low 区主要分布在以低生态安全（风险级、敏感级）为核心的区域，主要分布在东部平原区。该区域以建设用地景观与耕地景观为优势景观，受人类活动影响较大，景观生态安全面临巨大压力。HL 或 LH 离散点分布零散，特征不明显。研究期间，研究区总体格局在空间上变化明显，说明各评价单元与邻近单元在空间上随时间变化表现出随机分布向聚群分布格局转变的趋势。其中，发生变化较为明显的区域主要为东北部地区，由 LL 聚类向 HH 聚类转变。

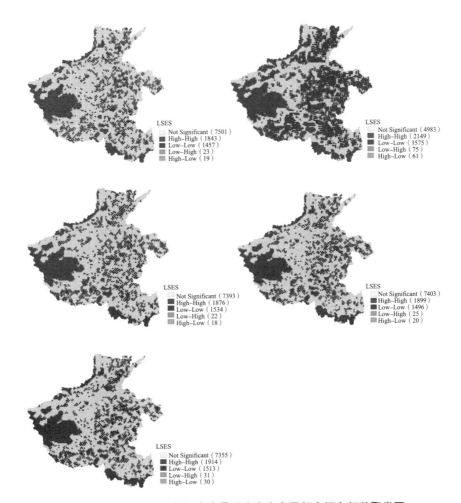

图6-3　2000—2018年河南省景观生态安全局部空间自相关聚类图

参考文献

［1］高杨，黄华梅，吴志峰. 基于投影寻踪的珠江三角洲景观生态安全评价［J］. 生态学报，2010，30（21）：5894-5903.

［2］WANG J, CUI B S, YAO H R, et al. The temporal and spatial characteristic of landscape ecological security at Lancang River Watershed of longitudinal range gorge region in Southwest China［J］. Acta Ecologica Sinica，2008，28（4）：1681-1690.

［3］COSTANZA R，D'ARGE R，DE GROOT R，et al. The value of the world's ecosystem services and natural capital［J］. Nature，1997，387（6630）：253-260.

［4］谢高地，甄霖，鲁春霞，等．一个基于专家知识的生态系统服务价值化方法［J］.自然资源学报，2008（5）：911-919.

第七章
生态安全格局构建与分析

第一节　生态源地的提取

参考有关生态源地选取相关文献，选取面积大于 30 平方千米的生态安全水平高的林地景观斑块为"生态源地"。通过对河南省生态源地的提取，最终得到的面积为 26438.01 平方千米，主要位于河南省西部和南部山地地区。目前已有的研究通常将建设用地作为扩张"源"，区域经济、人口和政治中心往往是建设用地向外扩展的起点。本书基于河南省 2018 年的土地利用类型，筛选面积大于 30 平方千米的建设用地图斑作为扩张源，共提取建设用地 3382.47 平方千米，零星分布于各地级市主城区。

第二节　阻力面的构建

一、生态阻力因子及权重

（一）选取阻力因子

生物克服阻力向外迁移和扩散的过程实际也是其对景观进行控制和

利用的过程，适当的阻力因子可以反映生态系统的稳定性和安全性。构建最小阻力面首先需要选择阻力因子，各阻力因子对生态源地有其特定的影响。因此，本书从自然、社会、生态等3个方面选择阻力因子，依据数据的可获得性、可操作性和全面性等原则，结合河南省的实际情况选取土地利用类型、景观生态安全指数、高程、坡度、距公路的距离、距河流的距离等6项阻力因子，如表7-1所示。

表7-1　河南省生态扩张和建设扩张阻力因子及权重

阻力因子	阻力等级	生态扩张阻力值	建设扩张阻力值	因子权重
高程	<100 米	5	1	0.12
	100~300 米	4	2	
	300~400 米	3	3	
	400~500 米	2	4	
	>500 米	1	5	
坡度	<3°	5	1	0.12
	3°~8°	4	2	
	8°~15°	3	3	
	15°~25°	2	4	
	>25°	1	5	
土地利用类型	耕地	3	2	0.20
	林地	1	5	
	建设用地	5	1	
	草地	2	3	
	水域	1	5	
	未利用地	3	2	
景观生态安全指数	<0.47	5	1	0.23
	0.47~0.56	4	2	
	0.56~0.62	3	3	
	0.62~0.74	2	4	
	>0.74	1	5	

续表

阻力因子	阻力等级	生态扩张阻力值	建设扩张阻力值	因子权重
距公路的距离	<1000 米	5	1	0.14
	1000~2000 米	4	2	
	2000~4000 米	3	3	
	4000~6000 米	2	4	
	>6000 米	1	5	
距河流的距离	<500 米	1	1	0.19
	500~1000 米	2	2	
	1000~2000 米	3	3	
	2000~3000 米	4	4	
	>3000 米	5	5	

1. 高程与坡度因子

高程与坡度对于物种迁移和生态源地的扩散具有一定的抑制作用。坡度对土地资源分布和土地利用有着重要的影响，坡度的大小关系到水土流失、土壤侵蚀等现象的产生，制约着土地利用方式，影响着土地利用方向，且坡度对物种的迁移与生态物质能量的流动也有着重要的影响。坡度相对平缓的地区地基承载力较好，植被覆盖率低、景观差，适合作为建设用地，所以高程与坡度是构建阻力面必需考虑的地形因素。本书在 ArcGIS 的 Slope 工具中提取坡度数据，以全国第二次土地调查地形坡度分级技术规定为标准，对生态扩张坡度阻力因子划分等级：坡度在 0°~3° 为一级，阻力值为 5；3°~8° 为二级，阻力值为 4；8°~15° 为三级，阻力值为 3；15°~25° 为四级，阻力值为 2；坡度大于 25° 为五级，阻力值为 1。

2. 土地利用因子

不同的土地利用类型对生态源地之间的物质能量和信息的交流会产生不同的阻力。地表的覆盖类型与生态源地的类型越相似，其对生态系统物质和能量流动的阻力就越小；受人类活动干扰的程度越大，其对生态系统物质和能量的流动阻力就越大。因此，土地利用类型是两"源"扩张的生态过程中极其重要的阻力因子。生态扩张的土地利用类型因子分级为：林地和水域是最适宜的生态用地，又是生态源地选取的因素，阻力系数最小，分为一等，阻力值为 1；草地阻力系数适中，分为二等，阻力值为 2；耕地和未利用地分为三等，阻力值为 3；建设用地受人为干扰大，而且对生态源地造成破坏和污染，阻力系数最大，分为四等，阻力值为 5。

3. 景观生态安全指数

土地利用景观生态安全指数越低，说明生物的存活率越小，对于生物迁移扩散的阻力越大，阻力值越高。参考相关文献并结合研究区的实际情况，景观生态安全等级划分参考前文的研究结果。

4. 交通因子

交通条件对城镇的发展、商业选址和工业布局有着重要的影响，促进了社会经济的发展。交通道路会对周围土地利用的开发产生刺激和促进作用，影响区域景观格局的改变，其对景观格局变化的影响不容忽视。距离道路越近，交通通达度越高，城镇建设的优势条件越大，越不利于生态源地的扩张。道路作为建设用地的一种，周围用地类型可凭借高度的可达性转化为城镇，从而改变该区域原有的土地利用类型。交通因素阻碍了物种的迁移和生态源地的扩展。因此，本书选取距公路的距离作为交通因子，通过计算距不同等级道路的距离来表示交通的可达性。运用 ArcGIS 10.3 空间分析模块中的缓冲区分析功能，从交通道路中心线由里向外进行缓冲分析，将生态扩张距道路的距离阻力因子划分为 5 级。

5. 水域

河流为人类和生物提供赖以生存的水资源，并具有促进环境净化和生态系统流动的功能。水域具有较高的生态服务功能，在保护区域生态系统安全中发挥着重要的作用，水域景观就是现有的生态廊道，有助于物种的迁移和生态源地的扩展，并限制了城镇的扩展。因此，越靠近河流，阻力越小。本书根据已有的研究成果，并结合河南省河流分布实际划分为5个等级。

（二）阻力因子权重的确定

选择阻力面后，根据各因子对生物迁移和生态源地扩展的阻力影响进行分级并赋值，建立阻力评价体系。阻力因子权重是衡量阻力因子对景观生态要素造成阻力的相对重要程度，从现有的研究来看，确定权重的方法主要有主成分分析法、德尔菲法、层次分析法、变异系数法等，本书采用层次分析法确定各阻力因子的权重。层次分析法（AHP）是由 Saaty 在20世纪70年代提出的，是一种多层次的权重分析决策方法，具有系统性、逻辑性、简洁性、实用性等特点。AHP 的基本步骤为：①建立层次结构模型；②构造成对比较矩阵；③层次单排序及一致性检验；④层次总排序及一致性检验。本书采用 AHP 来确定权重。

二、阻力面的构建

（一）单因子阻力面的生成

运用 ArcGIS 10.3 软件分别提取各景观阻力因子，并依据表 7-1 进行阻力分级。其中，就生态扩张阻力因子而言，高程和坡度的 1 级多分布于西部海拔较高的山地区域，5 级则大面积分布于东部平原地带。景观生态安全 1 级阻力区零星分布于中东部平原地区，5 级则集中分布于西部和南部边缘地区。土地利用类型的生态扩张阻力分布与景观生态安全的生态扩张阻力分布则相反。距道路的距离 5 级阻力区多沿河南省内道路路线分布，其阻力等级呈现逐渐向外递减的趋势。距水域的距离 1 级阻力区主要沿河流分布，且其阻力等级呈逐渐向外递增趋势。就建设扩张阻力因子而言，各因子的分布等级与生态扩张阻力因子相反，即高程和坡度为 1 级的阻力因子，在建设扩张阻力中为 5 级，其余因子以此类推。

（二）综合阻力面的生成

将各阻力因子数据根据所确定的阻力因子权重，利用 ArcGIS 10.3 软件中的栅格计算器工具，根据加权指数法计算出生态扩张阻力面和建设扩张阻力面，阻力面即每个栅格单元所有的阻力值。生态扩张阻力面和建设扩张阻力面的计算公式如下[1]：

$$F_i = \sum_{j=1}^{n} W_j \times A_{ij} \tag{7-1}$$

式（7-1）中，F_i 表示第 i 栅格的单元的阻力值；W_j 表示第 j 个阻力因子的权重；A_{ij} 表示第 i 个栅格单元第 j 个阻力因子的分值；n 表示阻力因子的总个数。

三、最小累积阻力面的生成

根据上文中确定的生态源地和建设源地，结合生成的生态扩张和建设扩张阻力面，运用最小累积阻力模型，分别计算生态扩张最小累积阻力面和建设扩张最小累积阻力面。最小累积阻力模型的实现是通过 ArcGIS 10.3 中的空间分析模块（Spatial Analyst）的成本距离（Cost Distance）工具。首先，在"Cost Distance"对话框中输入"生态源地"导入要素源数据，将生成的"生态扩张阻力面"作为成本栅格输入，指定所输出距离栅格的路径，最后生成河南省生态扩张最小累积阻力面。建设扩张最小累积阻力面的生成方法同生态扩张最小累积阻力面步骤，计算得到河南省建设扩张最小累积阻力面。

结果表明，研究区的生态扩张和建设扩张阻力值区域差异明显，河南省生态扩张最小累积阻力面中的最低阻力值为 0，最高阻力值为 636191。高阻力值仅分布于濮阳、商丘、安阳等人口密集区，该区域海拔较低、坡度较为平缓，是重要的粮食主产区，对于景观生态斑块的保护力度较弱，且对周围区域的物种迁徙与物质信息交换扩散产生了一定的抗性效应，导致生态保护过程的阻力较强。开封、周口与郑州也有小面积的分布，区域内存在一些比较重要的景观生态斑块，农业生产基础相对较好，且城市建设的区域分布较为集中，人类活动的强度一般，对于物质信息流的交换起到了一定的负向作用。低阻力值在区域内分布较为广泛，景观类型以耕地与水域为主，草地零星分布，因此生态源的扩散阻力值处于低水平状态，并对周围物种的迁移扩散产生正向的推动作用。

第三节 生态安全格局构建

一、最小累积阻力差值

本书通过对生态扩张和建设扩张两个过程进行综合分析，明确区域冲突主导因素，划分生态安全分区，构建生态安全格局[2]。该过程主要通过生态扩张最小累积阻力与建设扩张最小累积阻力差值来实现，具体公式如下：

$$MCR_{差值} = MCR_{生态用地扩张} - MCR_{建设用地扩张} \qquad (7-2)$$

式（7-2）中，$MCR_{生态用地扩张}$表示生态保护用地扩张的最小累积阻力值；$MCR_{建设用地扩张}$表示建设用地扩张的最小累积阻力值。当$MCR_{差值} > 0$时，表明生态扩张阻力大于建设扩张阻力，此区域更适合建设用地扩张；当$MCR_{差值} < 0$时，表明生态扩张阻力小于建设扩张阻力，此区域更适合生态用地扩张；当$MCR_{差值} = 0$时，表明生态扩张阻力等于建设扩张阻力，成为适宜生态扩张区和适宜建设扩张区的分界线。

通过运用 ArcGIS 10.3 中的栅格计算器（Raster Caculator）工具最终生成最小累积阻力差值，其范围为（-545583，505975），商丘、濮阳的最小累积阻力差值最大，且主要为建设用地地区；三门峡最小累积阻力差值最小，是主要生态源地所在的区域。

二、生态安全格局分区

本书通过使用最小累积阻力模型与栅格面积变化来确定和划分土地利用生态安全格局（见表7-2）。依据突变检测所得到的突变点，最小累积阻力值发生明显变化，区域的有效边界可以通过突变点进行划分，将研究区划分为高水平安全格局、中水平安全格局、低水平安全格局和其他区域（见图7-1）。参考相关研究成果，将研究区对应划分为核心保护区、一般保护区、生态缓冲区、生产生活区和重点开发等5个生态适宜区（见图7-2）。

表7-2　生态安全格局分区标准

类型	生态安全格局分区	生态适宜性分区	MCR 差值区间
适宜生态用地	高水平安全格局	核心保护区	−545582.63～−346424.68
		一般保护区	−346424.68～−87845.90
	中水平安全格局	生态缓冲区	−87845.90～0
适宜生产建设用地	低水平安全格局	生产生活区	0～280175.62
	其他区域	重点开发区	280175.62～505974.2

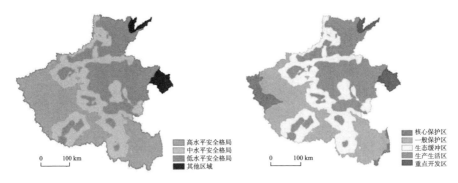

图7-1　河南省生态安全格局示意　　图7-2　河南省生态安全功能分区示意

结果表明，核心保护区被一般保护区所包围，主要包括生态服务功能比较高、生态环境较为敏感的林地，该区域人类活动影响较小，且土地利用主要为林地与草地，是维护当前生态系统平衡的核心区域，主要分布于三门峡与信阳东部地区；一般保护区对维护生物多样性以及生态系统的稳定具有重要的意义；生态缓冲区属于中水平安全格局，是生态保护和人类活动的过渡区和重要屏障；生产生活区为低水平安全格局，该区域由于地形、降水、气温等自然条件优越，是人类进行农业生产与活动的重要区域；而重点开发区为生态阻力值较高的区域，该区域远离生态源地，主要类型为城镇建设用地与大面积集中连片的耕地，主要位于商丘与濮阳。

参考文献

［1］黄木易，岳文泽，冯少茹，等.基于 MCR 模型的大别山核心区生态安全格局异质性及优化［J］.自然资源学报，2019，34（4）：771-784.

［2］吴未，陈明，范诗薇，等.基于空间扩张互侵过程的土地生态安全动态评价：以（中国）苏锡常地区为例［J］.生态学报，2016，36（22）：7453-7461.

第八章

河南资源环境的问题与对策建议

第一节　存在问题

党的二十大报告提出，要推进美丽中国建设，坚持山水林田湖草沙一体化保护和系统治理，统筹产业结构调整、污染治理、生态保护、应对气候变化，协同推进降碳、减污、扩绿、增长，推进生态优先、节约集约、绿色低碳发展。节约资源是保护生态环境的根本之策。资源利用方式的根本转变，是提高资源利用效率和效益的根本所在，而发展循环经济，能够促进生产、流通、消费过程的减量化、再利用、资源化。河南省作为新兴的工业大省，随着工业化步伐的加快，资源和环境对经济发展的制约将更加凸显。深入研究和破解资源环境约束问题，是河南省经济社会发展面临的一项重要任务。

一、人均自然资源稀少

河南省由于地处中原，自然条件相对优越，人口稠密，自古以来就是人口大省。虽然河南省自然资源储量相对丰富，但由于巨大的人口基数，其人口比重已经超过了各类自然资源占全国的比重[1]，这就导致了河南省的自然资源虽然总量丰富，但人均有限，生态承载力较弱，在经济发展中承载着巨大的环境压力。此外，河南省作为国家粮食主产区，基本农田保护面积大，建设用地等其他预留空间少，经济发展中的土地供给缺口日益突出，部分地区可用的建设预留用地严重不足，有的甚至无地可用，成为资源环境的重要问题。当前，河南省也存在着诸如能源矿产等资源开发程度较高、水资源缺乏且年际与地域分布不均、土地承载较重、可利用的后备土地资源严重不足、土地人口承载压力过大等问题，资源环境约束日益加剧[2]。

二、资源地域分布不均

河南省各类自然资源地域差异较大，资源状况分布不均匀[1]。从空间组合上看，矿产资源主要分布在河南省西部、西北部及南部山地丘陵区，开发难度较大，但人口密集、资源需求量大的经济发达地区却主要集中在中部地区，这就造成了资源产出地与资源消耗地距离较远的困境。

在矿产资源中，河南省煤炭资源丰富，但96%的煤炭资源集中分布在京广线以西地区，99%的钼矿资源集中分布在栾川县境内；石油资源则集中分布在豫东北和豫西南地区的中原油田和河南油田；铝土矿集中分布在郑州以西到三门峡一带；金矿主要分布在豫西及豫西南地区；铜矿主要分布在豫西南的西峡、内乡、镇平及桐柏山区。

在土地资源中，耕地资源主要集中在东部黄淮海冲积平原地区，其地势平坦，土壤肥沃，易于大规模耕种，故耕地资源丰富。豫西和豫南山地地区则由于地形原因，耕地大多支离破碎，从而林地、草地资源等较为丰富。

在水资源中，河南省水资源地域分配不均，地形条件及大气环流等对降水量的分布影响很大。由于河南省处于北亚热带与暖温带的过渡地区，南北气候及降水量存在差异，加之黄河在郑州段后形成严重的地上河现象，水资源呈现南多北少的情况，中北部多个城市属于严重缺水区[3]。

三、农业水土资源稀缺

河南省作为农业大省和国家的重要粮仓，其农业发展占有重要的地位，但由于社会经济条件的变化，其农业水土资源的稀缺程度正在日益加剧。农业生产所依靠的最基本的自然条件是"光、热、水、气、土"，水土资源是农业生产发展的命脉性资源和支撑条件，也是受社会经济发展影响最大的两种自然资源。从土地资源看，自改革开放以来，在不断加快推动工业化、城镇化进程的趋势下，尤其是耕地非农化日趋严重、资源数量不断减少、稀缺程度日益增强的情况，直接影响了河南省农业的可持续发展。作为农业大省，河南省人均土地资源、人均耕地面积都远远低于全国的平均水平。资料显示[4]，2014 年河南省水土流失面积 60567 平方千米，现有水土流失面积约 3.46 万平方千米，约占全省山地丘陵面积的 44.1%，每年新增水土流失面积约 160 平方千米。全省土壤流失量达 1.2 亿吨/年，折算成流失土壤中的氮、磷、钾肥力为 100 万吨，比全省山区每年施用的化肥量还要多。严重的水土流失使得耕地中有效耕层变薄，土地肥力下降，养分严重流失，水库、河道淤积，又进一步加剧了水土流失区农业旱涝灾害程度。与土地资源稀缺的现状相同，河南省水资源情况也不容乐观。从表面看，河南省水资源总量相对丰富，但近年来的下降趋势却十分明显，更为严重的是地下水过度开采，地表水污染趋势加剧，农田水质污染严重，农业水资源利用系数低。无论从人均还是从单位面积土地占有水量看，河南省水资源都是极度缺乏的，因缺水造成部分地区的农业基础生产力下降，农业可持续发展受到严重影响。

四、环境污染问题严重

当今社会工业化进程虽不断加快，但环境污染治理却无法同步推进，大量未经处理的污染物大大降低了区域环境容量和环境承载能力。

2017年，河南省废水排放总量达到27.44亿吨，二氧化硫（SO_2）排放量达到16.44万吨，一般工业固体废物产生量为17581.61万吨[5]。另外，随着河南省工业化进程的加快，环境污染治理欠账增多，使得环境容量相对不足，环境承载能力较弱，局部地区的环境状况仍在恶化，人与环境之间的矛盾日渐尖锐，这在一定程度上制约了该省经济的可持续发展。目前，废水及主要污染物排放、废气及主要污染物排放、固体废物等是影响环境的主要媒介。近年来，农田秸秆燃烧也成为大气污染的重要原因，全省大部分秸秆被弃置不理或直接焚烧，这不仅浪费了大量的资源和能量，也污染了大气环境，甚至引发火灾。化肥农药的无节制使用，也会导致农业土地资源中残留大量的药品，土壤受到污染会使其质量下降从而影响到农作物的种植[6]。同时，一些地方还把污染严重的企业搬迁至农村地区，造成城市污染向农村、农田"漂移"。据有关研究统计，2014年河南省地下水抽样检测水质较差和极差的占73.5%；河南省没有一个城市空气质量达到优级，近半数省辖市大气环境质量属于轻度污染，少数城市属于中度、重度污染[4]。

五、生态保护意识薄弱

河南省经过长期开发，形成了以人工生态为主的自然—人工复合型农业生态系统，这一方面具有较高的产出效率，另一方面各类生产要素匹配相对紧张，生态系统十分脆弱；而且长期对生态资源过度索取，使全省生态环境日趋严峻。生态危机本质上是人的危机、生态观念的危机。公民生态意识的缺乏是河南省现代生态危机的深层次根源。河南省公民生态意识水平不好主要表现在以下几个方面：一是公民生态价值意识存在误区，部分公民缺乏对自然生态的敬畏，仍然固守"人类中心主义"的生态价值观念，这就导致了在资源利用和开发环境的过程中缺乏保护生态应有的境界和眼界，一味大肆取用，从而浪费自然资源，危害生态环境。二是公民生态责任意识欠缺。由于国家和地方政府对公民生态责任缺乏明确的要求和必要的控制机制，从而导致部分公民将生态环境保护视为与己无关的事。三是生态科学意识严重不足。近年来，国家和省级的生态教育虽然已经展开，但由于生态教育起步较晚，缺乏全民性、终身性和可持续性，且由于生态意识教育大多采取单一化的课堂教学方式，缺少多样化的实践教育，导致教育形式单一化和教育周期不足，相当多的公民对生态环境仍然缺乏科学的认识。

第二节　对策建议

一、优化经济结构

由于河南省人均资源量较少，所以要以资源节约、环境友好为主线进行产业结构调整。应根据国家产业政策，重点抓好高耗能、重污染行业的结构调整，围绕核心资源发展相关产业，发挥产业集聚和工业生态效应，形成资源高效循环利用的产业链。河南省的农业产业化企业和龙头企业带动能力还比较弱，带动面小。工业中现代制造业特别是高新技术产业发展缓慢，缺乏自主知识产权，在清洁生产、资源有效利用等方面没有优势。服务业中现代服务业和新兴服务业发展滞后，就业没有得到有效扩大。因此，作为经济增长方式转变的方向，河南省应首先大力推进产业结构升级，这是实现经济增长方式转变运作流程的重要一环。根据河南省的实际，要通过调整促进产业结构优化，把巩固农业、主攻工业、发展服务业作为转变经济增长方式的方向，提升三产比重，降低一产、二产比重。在社会经济发展过程中，统筹产业发展与环境保护，在谋求经济效益的同时注重生态效益，进一步优化产业发展的层次结构和空间结构，大力发展循环低碳的绿色经济，推动经济增长方式从高能耗、高排放向低消耗、低排放转变；实施创新驱动战略，实现由资源要素驱动向创新驱动、绿色驱动转变，提高产业绿色发展的质量效益，形成集约化、低碳化、技术化和绿色化的产业结构[2]。

二、加强自主创新

提高自主创新的科技水平也是破解资源约束的重要手段,而且要实现产业增长方式的转变,自主创新是必不可少的。河南省的经济发展必须实现从资源依赖型向创新驱动型转变,实现从对国外技术的依赖型向自主创新型的转变。要实现这两个转变,必须加快技术创新,提高自主创新能力,切实提高原始创新能力、集成创新能力和引进、消化、吸收、再创新的能力。利用以信息技术为主体的高新技术改造和提升传统产业,是河南利用"后发优势"缩小与发达省区差距,实现跨越式发展的重要途径。河南省应该大力发展先进制造技术、新材料技术、新能源技术、生物技术、清洁生产技术、污染治理技术、废物回收利用技术、环境监测技术等"绿色高新技术",充分发挥科学技术作为第一生产力的作用,有效利用高新技术对传统产业进行改造和提升,开发出高效率、高质量、节能、环保的新型技术和产品,提升企业和产品的国际竞争力。

三、推进集约发展

由于河南省存在资源地域分布不均衡的问题,所以要着力发展规模化、集中化、高效化的集约经济,以缓解资源压力。集约化发展是现代经济的重要趋势,也是降低成本、减少消耗、提高效益的有力举措,是把速度与质量有机结合起来的最佳形式。集约化发展是河南省经济发展的关键所在。高效节约的资源能源利用方式,是河南省绿色发展的重要环节。河南省应坚持减量化、再利用、资源化的理念,进一步优化能源结构,推进节能减排,强化资源节约,发展循环经济,加强全方位全过程的资源节约和综合利用,大幅降低能源、水、土地消耗强度,合理开发利用矿产资源,推动资源利用方式由高投入、高污染、高排放向绿色、循环、低碳发展转变，形成产业持续发展与资源能源节约高效利用的发展格局。

四、整合农业结构

针对河南省农业水土资源问题，产业结构优化是实现农业可持续发展的动力和源泉，也是实现资源节约、环境良好，消除资源环境对农业经济发展制约，构建节约循环农业的重要措施。调整农业产业结构主要围绕农业生产结构、区域布局和产业化经营来实现。在调整农业内部各产业结构之间比例关系、稳定种植业的基础上，加快发展畜牧业和林业、渔业之间的结合，即农牧结合、农林结合、林牧结合、牧渔结合等，更加合理地开发利用农业资源；结合市场导向，调整农民增收方式和产品结构，大力发展多种经济作物和饲料作物，着重发展具有生态环保价值的果业和林业，发展无公害、绿色的肉、禽、蛋、果、蔬等市场畅销的涉农产品，尤其是一些名特优产品和精细农产品；依托区域比较优势，实现农业的产业化经营，如独特的自然条件、生态环境、人力资源等，因地制宜地发展具有巨大经济效益的农产品，实施集约化经营等[4]。

五、完善法律法规

由于河南省存在环境污染严重的情况，所以对现存的环境法规还需进行进一步修订和完善，通过法律法规及监督手段控制污染排放，促进绿色发展。首先，加强对环境资源整体性综合法律调整方面的立法。例如，完善《中华人民共和国环境保护法》，增强其全面性、综合性和可适用性。其次，尽管现在已经出台了一系列法律法规，但是在一些领域的立法尚有缺失，还需要完善这些方面的立法。最后，针对资源环境法律存在规定"软"、权力"小"、手段"弱"等问题，要及时修订相关法律，明确落实地方政府在地方环境保护工作中应负的责任。

六、完善政策机制

结合投资体制改革，调整和落实投资政策，加大对循环经济发展的资金支持。要把发展循环经济作为政府投资的重点领域，对一些重大项目进行直接投资或资金补助、贷款贴息的支持，并发挥好政府投资对社会投资的引导作用，特别是要引导各类金融机构对有利于促进循环经济发展的重点项目给予贷款支持。要积极调整资源性产品与最终产品的比价关系，完善自然资源价格形成机制，通过水价、电价等价格政策的调整，更好地发挥市场配置资源的基础性作用。要限制高耗能、高污染行业盲目发展，促进资源的合理开发、节约使用和有效保护。制定支持循环经济发展的财税政策，贯彻执行国家发展改革委制定的《节能产品目录》和《关于政府节能采购的意见》，对生产和使用目录内产品给予减免税的优惠政策，并将目录中的产品列入政府采购范围。另外，还要积极探索建立生态恢复和环境保护的经济补偿机制。

七、开展国际协作

以往的国际资源环境问题协作经验告诉我们，积极开展地区能源、环境方面的合作，能够使我们有效利用外部资源缓解地区的资源环境压力。我国作为一个负责任的环境大国与发展中大国，积极参与全球环境领域国际合作，并取得长足进展；积极开展战略资源开发利用的国际合作。我国作为一个发展中国家，在全球资源战略中应突出重点，集中力量搞好区域经济合作，尤其是与周边国家的政治、经济合作，构建集体安全保障体系。河南省要积极顺应合作潮流，加强对外交流，与上游资源国建立良好的经济合作关系，同时实现资源进口的多元化。加强解决国际环境问题的国际合作，要坚持在国际合作中共同解决全球环境问题，加强现有国际环境机构间的组织与协调，提高国际环境合作的效率和水平，把环境合作与发展合作相结合，在发展中解决环境问题，促进环境与发展"双赢"。

参考文献

[1] 喻新安. 破解河南经济发展资源环境约束问题的思考 [J]. 黄河科技大学学报, 2007, 9 (2): 38-42.

[2] 孙常辉. 河南省绿色发展的问题现状、实现路径与对策建议 [J]. 经济研究导刊, 2018 (32): 56-58, 63.

[3] 左其亭, 纪璎芯, 韩春辉, 等. 基于 GIS 分析的水资源分布空间均衡计算方法及应用 [J]. 水电能源科学, 2018, 36 (6): 33-36.

[4] 陈杰, 田华. 河南发展节约循环型农业面临的资源环境问题及对策 [J]. 现代农业科技, 2014 (24): 257-258, 260.

[5] 河南省统计局, 国家统计局河南调查总队. 河南统计年鉴 2020 [M]. 北京: 中国统计出版社, 2021.

[6] 刘青源, 李勇, 李晓强, 等. 河南省农业发展中的资源环境问题研究 [J]. 现代农业研究, 2020, 26 (9): 1-2.